図解 インターネット・リサーチのことがわかる本

アウラマーケティングラボ 石井栄造

同文舘出版

まえがき

インターネットによってマーケティングのあらゆる要素が、変化してきています。

新製品の企画を、SNSなどのサイト上で消費者参加で行うことが試みられ、商品広告の媒体としてもインターネットのウェイトが大きくなっています。

さらに、インターネットの仮想市場（楽天市場など）での購入がリアルな店舗での購入を浸食し、買い物に際して「価格比較サイト」をチェックすることが消費者の常識となっています。コトラーのいうマーケティングの4Pのすべての場面で、インターネットによる影響が大きくなっています。

また、マーケティング・リサーチにおいても、インターネットの普及が大きな変化をもたらしています。

最大の変化は、マーケティング・リサーチから実質的な「フィールドワーク」がなくなったことでしょう。インターネット・リサーチは、調査対象者を抽出したり、データを収集する調査員を必要としません。フィールドワークがないということは、「抽出作業」もありません。抽出という考え方がないため、ランダムサンプリングの概念もありません。したがって、「精度」が計算できません。

これは、伝統的なマーケティング・リサーチの立場からみれば、もはやリサーチとは呼べないほどの衝撃的な出来事です。

こうした弱点（欠陥）をもっているインターネット・リサーチが、マーケティング・リサーチの主流になったのは、その圧倒的な「スピード」と「費用の安さ」によります。時間と費用のボトルネックだったフィールドワークをなくしたのですから当然です。

このままでは「悪貨が良貨を駆逐する」という図式で終わってしまうことが懸念されましたが、インターネット・リサーチモニターの数が数百万単位になることで、スピードと費用の安さ以外の「付加価値」をどのようにつけていくか、という努力が始まっています。

そこでは、伝統的なマーケティング・リサーチの方法論を採用することにとどまらず、伝統的な方法では不可能だった新しいマーケティング・リサーチの「価値」開発の努力もなされています。

本書は、インターネット・リサーチが抱える問題点を乗り越えて、新しいリサーチの価値を創り出すという視点で書いたつもりです。インターネットの普及、発展がもたらすマーケティングの変化の中で、インターネット・リサーチがどのような可能性をもてるかというのが基本的視点です。

「マーケティングが目指すものは、顧客を理解し、製品とサービスを顧客に合わせ、おのずから売れるようにすることである」(ドラッカー)ということであるなら、リサーチは、「顧客を理解する」ことを手助けし、「製品とサービスを顧客に合わせる」ことをクライアントと一緒に考えることを第一の目的とすべきであると考えます。

それを達成するのに最適な方法論を提案するのがリサーチャーの仕事だし、そう考えた結果が、インターネット・リサーチでも伝統的なリサーチでもよいわけです。

本書が、リサーチャーを目指す人、リサーチを使う人のお役に立てば幸いです。

2009年12月

石井　栄造

図解 インターネット・リサーチのことがわかる本　目次

はじめに

1章　インターネット・リサーチとは何か

- Section1　インターネットを"媒体"として使う調査方法 … 12
- Section2　伝統的な訪問面接調査 … 14
- Section3　インターネット・リサーチのメリット … 16
- Section4　インターネット・リサーチのデメリット … 18
- Section5　二次データの分析 … 20
- Section6　さまざまな調査手法とインターネット … 22
- Section7　インターネット・リサーチと販促 … 24
- Section8　PCネットとモバイルネット … 26
- Section9　リサーチセンスの磨き方 … 28
- Section10　個人情報保護とインターネット・リサーチ … 30

2章 マーケティングとインターネット・リサーチ

- Section11 マーケティング意志決定とリサーチ ……… 34
- Section12 マーケティングテーマとリサーチ ……… 36
- Section13 マーケティングプロセスとリサーチ ……… 38
- Section14 ターゲット市場によるリサーチの違い ……… 40
- Section15 市場を知るためのリサーチ ……… 42
- Section16 消費者インサイトを探るリサーチ ……… 44
- Section17 新製品開発のためのリサーチ ……… 46
- Section18 市場の将来を予測するためのリサーチ ……… 48
- Section19 流通市場を知るためのリサーチ ……… 50
- Section20 価格に関するリサーチ ……… 52

3章 インターネット・リサーチの精度

- Section21 母集団という考え方 ……… 56
- Section22 サンプリング理論とインターネット・リサーチ ……… 58
- Section23 インターネット・リサーチのサンプル抽出 ……… 60
- Section24 多段抽出という考え方 ……… 62

4章 インターネット・リサーチの設計

Section25	モニター制と無作為抽出	64
Section26	インターネット・リサーチのノンサンプリングエラー	66
Section27	インターネット・リサーチモニターの態度	68
Section28	アフターコーディングとエディティング	70
Section29	調査慣れと謝礼	72
Section30	インターネット・リサーチモニターの管理	74
Section31	マーケティングテーマの整理	78
Section32	リサーチテーマ化する	80
Section33	背景分析	82
Section34	仮説構築	84
Section35	調査目的の明確化	86
Section36	調査方法の検討	88
Section37	調査対象・調査項目を決める	90
Section38	調査日程・サンプル数・予算の検討	92
Section39	集計計画の立て方	94
Section40	企画書の書き方	96

5章 インターネット・リサーチの実施

- Section41 インターネット・リサーチ会社の探し方 … 100
- Section42 インターネット・リサーチ会社との打合せ … 102
- Section43 サンプルの割付け・スクリーニング … 104
- Section44 調査票のボリューム … 106
- Section45 調査票によるバイアス … 108
- Section46 回答分岐・論理チェック … 110
- Section47 選択肢のランダマイズ … 112
- Section48 純粋想起と助成想起 … 114
- Section49 SA、MA、OAとテキストマイニング … 116
- Section50 質問文の書き方 … 118

6章 インターネット・リサーチの集計・分析

- Section51 GT表の使い方 … 122
- Section52 クロス表の読み方 … 124
- Section53 多重クロスのやり方 … 126
- Section54 度数分布と量層分析 … 128

7章 インターネット・リサーチの報告書

- Section55 有意差検定の考え方 ………130
- Section56 ウェイトバック集計 ………132
- Section57 相関関係と因果関係は違う ………134
- Section58 横断的分析と時系列分析 ………136
- Section59 多変量解析の使い方 ………138
- Section60 データマイニング ………140
- Section61 報告のタイミング ………144
- Section62 報告書の構成 ………146
- Section63 報告書の用語 ………148
- Section64 結論・提言の書き方 ………150
- Section65 グラフの描き方と特性 ………152
- Section66 消費者行動モデル ………154
- Section67 最寄り品と買回り品 ………156
- Section68 報告書の表現テクニック ………158
- Section69 認知的不協和とは ………160
- Section70 報告会、プレゼンテーションのやり方 ………162

8章 マーケティングテーマ別リサーチ

- Section71 市場実態把握のためのリサーチ ……… 166
- Section72 競合関係を把握するためのリサーチ ……… 168
- Section73 消費者セグメントのためのリサーチ ……… 170
- Section74 ブランドポジショニングのリサーチ ……… 172
- Section75 ブランドイメージの測定 ……… 174
- Section76 ブランドロイヤルティの測定 ……… 176
- Section77 コンセプトチェック ……… 178
- Section78 パッケージデザイン評価 ……… 180
- Section79 広告効果測定 ……… 182
- Section80 顧客満足度調査 ……… 184

9章 インターネットによる定性調査

- Section81 定量調査と定性調査 ……… 188
- Section82 マーケティングインタビューとエスノグラフィ ……… 190
- Section83 マーケティングインタビューの種類 ……… 192
- Section84 対象者の探し方 ……… 194
- Section85 マーケティングインタビューの対象者 ……… 196

10章 これからのインターネット・リサーチ

- Section86 プロービングのやり方 … 198
- Section87 定性調査の企画書と対象者条件 … 200
- Section88 インタビューフローのつくり方 … 202
- Section89 インターネットグループインタビューの実施 … 204
- Section90 定性調査の分析・報告書作成 … 206
- Section91 インターネットの進化とリサーチ … 210
- Section92 モバイル・リサーチの可能性 … 212
- Section93 リサーチモニターの母集団化 … 214
- Section94 デスクトップリサーチ … 216
- Section95 シングルソースデータ … 218
- Section96 消費者参加型リサーチ … 220
- Section97 インターネットで希少なサンプルを探す … 222
- Section98 ロングテールインタビュー … 224
- Section99 インターネット・リサーチ会社の方向性 … 226
- Section100 求められるリサーチャー … 228

装丁●川島進（スタジオギブ）
装丁イラスト●橋本聡
本文DTP●志岐デザイン事務所

1章 インターネット・リサーチとは何か

- Section1 インターネットを〝媒体〟として使う調査方法
- Section2 伝統的な訪問面接調査
- Section3 インターネット・リサーチのメリット
- Section4 インターネット・リサーチのデメリット
- Section5 二次データの分析
- Section6 さまざまな調査手法とインターネット
- Section7 インターネット・リサーチと販促
- Section8 PCネットとモバイルネット
- Section9 リサーチセンスの磨き方
- Section10 個人情報保護とインターネット・リサーチ

Section 1
インターネットを"媒体"として使う調査方法

インターネットの普及がリサーチ手法を広げた

マーケティング・リサーチのデータ収集に大きな優位性をもっているインターネットを使ったリサーチ手法が注目されている。

●マーケティング・リサーチの一手法

インターネット・リサーチは、「調査データを収集するときの"媒体"としてインターネットを使う、マーケティング・リサーチ」と定義できます。

マーケティング・リサーチは、調査対象から調査データを集めることから始まります。調査対象は消費者個人の場合が多いのですが、夫婦や家族・世帯、あるいは会社や事業所などの法人を調査対象にすることもあります。

これらの調査対象に直接接触して、アンケート形式などで集計に使えるデータ（情報）を収集する必要があります。この調査対象にアプローチする手段を「調査媒体」といいます。調査媒体は調査員、電話、ファクシミリ、郵便に限られていましたが、インターネットの普及によってネットを媒体として使うことが可能になってきたのです。

●他の調査媒体に比べて優位性が高い

調査媒体に必要な特性として、①すべての対象者にアプローチできる、②アプローチに必要な時間とコストが優位である、の2点があります。ここでは調査媒体ごとの特性を比較してみます。

調査員は日本全国どこへでも訪問できるし、郵便も住所登録してある人全員に届きます（住所不定、転居届け未提出者には届かない）。電話は電話加入者（所有者）に限って電話をかけられるし、インターネットも接続している人なら全員にアプローチできます。

以上から、住所不定者にもアプローチが可能な調査が、最も優位性のある媒体だと考えられます。

それなのに調査員によるリサーチが減少してきている理由は、二つ目の特性「時間とコスト面」で非常に不利になるためです。電話オペレーターも、調査員同様に人件費がかかるためコスト面での優位性がなくなり、郵便も封書で往復160円が固定費になることと、時間がかかることが不利です。時間とコストでは、インターネットが最も有利な調査媒体といえます。

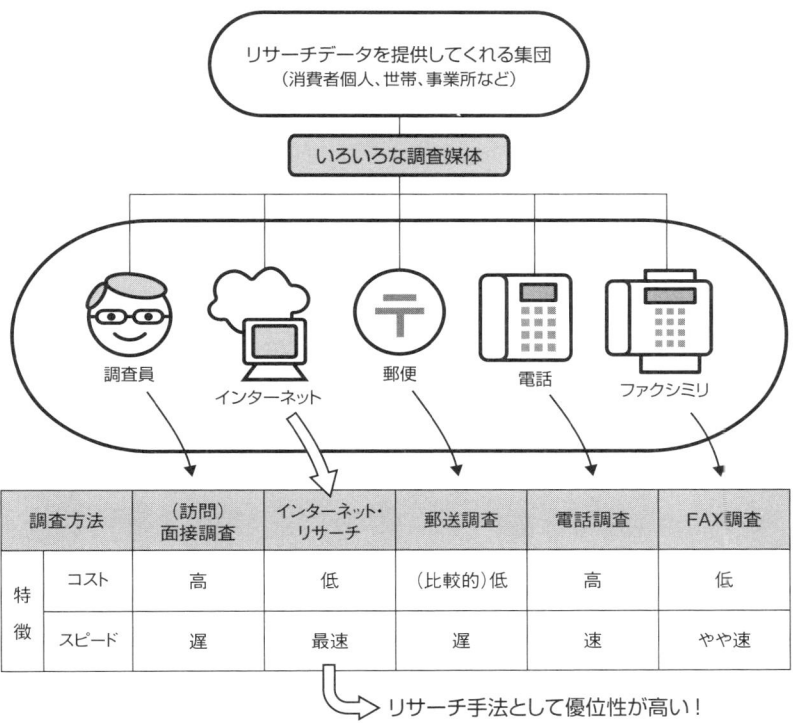

●アプローチにはeメールを使う

インターネット・リサーチの具体的なアプローチ手段は、eメール形式になります。従来の郵便（メール）は住所録に基づいて宛先を書きます。当然、インターネット・リサーチにも住所録が必要です。このeメールの住所録を「リサーチモニター」といいます。

インターネット・リサーチの定義に、調査対象にインターネットを媒体としてアプローチするということと、登録されたリサーチモニターにアプローチするという条件を加えたものをインターネット・リサーチと呼ぶのが一般的です。

ただし、クイズや懸賞キャンペーンに応募した人に調査の依頼をする方法、インターネット通販の登録者に調査を依頼する方法など、リサーチモニターという名簿をもたなくてもインターネット・リサーチを行うことは可能です。

Section 2 従来のマーケティング・リサーチを支えてきた
伝統的な訪問面接調査

リサーチの伝統的な手法だった訪問面接調査は、住民基本台帳の閲覧拒否や対象者の不在、訪問拒否によって実施がむずかしくなってきている。

● 調査の基本は訪問面接調査だった

インターネットが普及する以前、調査媒体として利用できたのは調査員、電話、ファクシミリ、郵便だけでした（前項参照）。媒体によってそれぞれ、訪問面接調査、電話調査、ファックス調査、郵送調査と呼ばれ、現在も特性によって使い分けられています。

マーケティング・リサーチは、訪問面接調査を基準に理論化され、方法論が緻密化されてきた歴史をもっています。

訪問面接調査は、「サンプリング理論」によって代表性が保証され、調査員の現場訪問（対象者に会う、対象建物・事業所を視認する）によって、正確な「対象確認」ができる特性があります。

さらに、サンプリングの精度を支える住民基本台帳や選挙人名簿、事業所統計などの官庁統計が充実していてリサーチに使用できたことも、訪問面接調査が基準になれた大きな理由と考えられます。

● 精度に対する不信もある

インターネット・リサーチは、調査媒体が調査員からインターネットに変わったという定義でよいのですが、そのことによって多くの変化が生じたことも確認しておく必要があります。

最大の変化は、サンプリング理論が使えなくなったことです（22項参照）。

訪問面接と郵送調査は住民基本台帳が、電話調査は不完全ながら電話帳が母集団名簿の役割を果たします。しかし、インターネット・リサーチには母集団名簿として使えそうなものがなく、これが、精度に対する不信の最大の原因となっています。

現在のところ精度を理論で保証するのではなく、何回もリサーチすることで大きなズレはなさそうだという経験的な理由に頼っています。マーケティング・リサーチは学問的精度より、日々のマーケティングに「どれだけ活用できるか」という、実践的な活用度が重視されるということです。

● 正確な対象確認がむずかしい面も

インターネット・リサーチと訪問面接調査はここが違う

	訪問面接調査	インターネット・リサーチ
調査媒体	調査員	インターネット
精度保証	サンプリング理論	（中心極限定理）
抽出名簿	母集団規定された名簿	（モニター名簿）
対象者確認	可能	不可能
個人情報保護	困難	容易

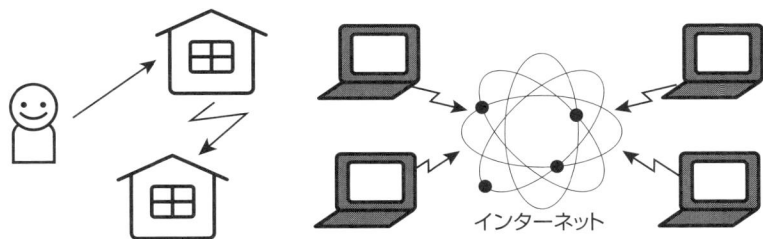

実在する家や人を訪問する　　どこにいるかわからない人が応募する

もう一つの変化は、正確な対象確認ができなくなったことです。そもそも、インターネットの利点の一つに「匿名性」があるので本人確認ができません。

さらに個人情報保護の観点からみても、インターネットで本人確認をするのは非常に困難です。郵送調査でも、家族の他の人が回答するリスクがある程度の本人確認ができます。さらに、インターネットでは積極的に他人に「なりすます」ことができるというリスクも考えなくてはいけません。

このように、訪問面接調査はリサーチの理論と実践を長い間支えてきました。その伝統がゆらいできたのは、住民基本台帳の閲覧拒否と対象者へのアプローチのむずかしさが原因です。この二つは、いずれも個人情報保護の流れに沿ったものと解釈できます。

15　第1章　インターネット・リサーチとは何か

Section 3

インターネット・リサーチのメリット

なぜ、インターネット・リサーチが普及してきたのか

インターネット・リサーチの普及が進むのは、調査実施者側にも対象者側にもメリットがあるから。それらはどんなことなのか。

●調査側には「速さと安さ」を提供

インターネット・リサーチのメリットを、調査実施者側と対象者側に分けて、従来のマーケティング・リサーチと比較してみます。

実施者側のメリットは、「速さと安さ」に集約されます。速さはフィールドワークの速さです。設計や分析の時間は従来の方法と変化ありませんが、フィールドワークが劇的に速くすむようになったことで、リサーチのスピードが保証されました。

従来は調査員が訪問したり郵便を使っていたため、フィールドワークが完了して有効な調査票が集まるまでに時間がかかっていました。インターネットなら、調査票を対象者に送って返信してもらう時間は実質的にゼロに近づきます。

対象者の記入時間は、従来の郵送調査と差はありません。ただ、インターネット・リサーチはモニター制を採用しているので、対象者側は回答の準備ができています。

一方、従来の方法はランダムサンプリングですから、調査主体の紹介、調査の目的、データの処理の仕方まで説明して、対象者の疑問や不信感を解くことから始めないと回答してもらえません。対象者が記入を始めるまでに時間がかかってしまいます。電話調査は対象者の記入はありませんが、電話オペレーターが作業するので、その作業時間の合理化には限度があります。

さらに、回収した有効票を集計処理するために、コンピュータが読める形式にするための入力作業も時間のロスになります。そこで、この部分を合理化するためにOCRシートを使いますが、対象者の負担が増したり、質問量に制限が出てきたりします。

インターネット・リサーチでは、データの回収と集計ソフトを直結することで集計の準備作業時間もゼロに近くなります。ただ、電話調査でも電話とコンピュータを直結させて電話をしながら集計作業も完了させるということ

インターネット・リサーチのメリットは「速さ」と「安さ」

各調査媒体の速度	インターネット	— ほぼ瞬時に全国に到達
	電話	— インターネットと同じだが、1対多の接続ができない
	郵便	— 往復で最短2〜3日かかる
	訪問面接	— 1人ひとりの調査員が交通機関で移動
各調査媒体の通信費	インターネット	— 無料に近い
	電話	— 1コールいくらと課金される+オペレーター人件費
	郵便	— 封書で片道最低80円
	訪問面接	— 交通費+調査員人件費

1日の訪問に限度がある

1日の電話数に限度がある

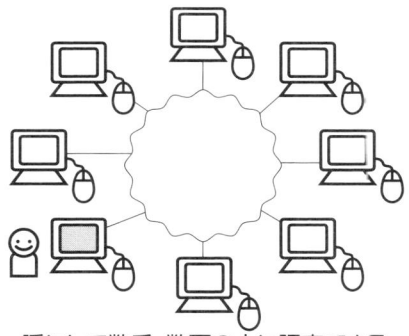

一瞬にして数千、数万の人に調査できる

が可能です。

費用の安さは、人件費と輸送費の合理化で実現されます。人件費の大部分は調査員の人件費です。訪問面接ではいうまでもなく、電話調査のオペレーター費も大きな人件費となります。これらがゼロですから、インターネット・リサーチは費用面で従来方法と比べて非常に有利になります。

●**対象者側はモニター制がメリットに**

対象者側のメリットは、先にも挙げたとおり、モニター制ということです。自分で申し込まない限り調査の依頼はきませんから、調査依頼がきても疑問や不安はわからないし、回答の準備ができているので、回答に要する時間も少なくてすみます。

さらに1回限りではなく何回も協力するので調査の謝礼が積み上がって、従来の方法より高額な謝礼が得られるメリットもあります。

17　第1章　インターネット・リサーチとは何か

Section 4 新しい手法として不安な要素も指摘される

インターネット・リサーチのデメリット

インターネット・リサーチの最大のデメリットは、代表性を科学的に保証できないこと。

●統計学的な保証がない

インターネット・リサーチはいくつかのデメリットをもっています。それなのにこれだけ普及しているのは、そのデメリットを上回るメリットがあるということになります。ここで、インターネット・リサーチのデメリットについてみていきます。従来のマーケティング・リサーチの方法との比較になります。

最大のデメリットは、インターネット・リサーチが代表性という考え方をもっていないことです。代表性とは、少ないサンプルを調査することである集団全体の姿・状態を知るということで、少ないサンプルが集団全体を「代表」しているという意味です（22項参照）。

この代表性を保証してくれるのがサンプリング理論ですが、インターネット・リサーチはサンプリング理論に適応していません。具体的には、母集団から無作為（ランダム）に抽出することをしていません（21、23、25項参照）。ランダムサンプリングではなく、サンプルを割り付けるだけです。リサーチ結果の代表性について統計学的な保証が得られていないのです。

正当なランダムサンプリングをしないことと並んで、モニター制も精度を下げているといわれます。仮にサンプリングにランダム性はないとしても、モニターの採用がランダムであればよいのですが、モニター採用も「やりたい」という人を募集しているのでランダム性の保証はまったくありません。

事実、インターネット・リサーチの初期のモニターにはIT系職業の30、40代の男性が多かったようです。

対象者のなりすまし問題（男性が女性として回答、またはその逆など）も大きなデメリットです。なりすまし問題は定期的にモニターの属性をチェックすることなどである程度防止できますが、インターネットの特性である匿名性がある限り完全に防止できないと考えられます。この匿名性は、

インターネット・リサーチはサンプリング理論に基づいていない

調査実施者側のデメリット	・サンプリング理論に従っていない → 代表性がない ・ランダムサンプリングではない募集方式(モニター制) ・対象者を特定できない(なりすましの危険) ・いい加減な回答態度(匿名性) ・謝礼がポイント制(同一対象者の複数回回答)
対象者側のデメリット	・とくになし

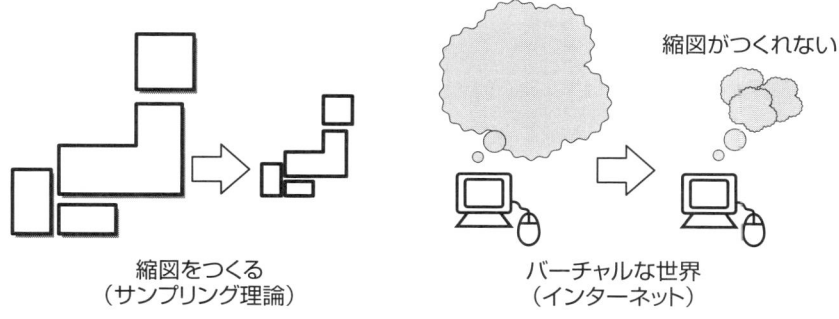

縮図をつくる
(サンプリング理論)

縮図がつくれない

バーチャルな世界
(インターネット)

回答態度のいい加減さにもつながる危険があります。5段階評価で全部の回答欄の3（真ん中）だけにチェックを入れるなどの現象として表れます。

●本人確認ができない

謝礼もデメリットになります。本来、マーケティング・リサーチの謝礼には回答に要した時間の対価という考えはありません。同じリサーチなら謝礼も全員同じです。

一方、インターネット・リサーチの多くは、ポイント制の謝礼を採用しています。そうすると、たくさんのリサーチに協力＝回答してポイントを貯めようというインセンティブが働きます。ここから、前記のなりすまし問題が出てきてしまいます。インターネット・リサーチには、明確な「本人確認」のプロセスがないので防ぎようがありません。

Section 5

すでに使える状態で公開されている情報がある
二次データの分析

改めてリサーチするまでもなく、インターネット上には、ほとんどが無料で使える情報（データ）が膨大に存在している。

ータを収集する方法を狭義のインターネット・リサーチとしました（1項参照）。

しかし、インターネット上には膨大でほとんどが無料で使える情報（データ）があり、改めてリサーチモニターに質問しなくても多くのマーケティング情報が得られます。このようにすでに使える状態で公開されている情報を二次データと呼び、改めて調査して得る情報（一次データ）と区別します。

二次データは、調査設計、仮説構築のプロセスで活用できます。たとえば、新しい市場に進出しようとする場合、その市場規模、伸び率、参入メーカー数、主要ブランドのシェアなどは、二次データだけでわかることが多いので、調査設計する前にインターネットで検索してみる必要があります。

調査媒体としてインターネットを使うマーケティング・リサーチであり、さらにリサーチモニターからデータの収集媒体としてインターネットを使うマーケティング・リサーチであり、さらにリサーチモニターからデータの収集媒体としてインターネット

●情報（データ）には2種類ある

インターネット・リサーチは、調査データの収集媒体としてインターネットを使うマーケティング・リサーチであり、さらにリサーチモニターからデータを収集する方法を狭義のインターネット・リサーチとしました（1項参照）。

製品ジャンルに関するブログの文章を集めて、テキストマイニング（コトバの出現頻度やコトバとコトバの関係性を自動的に分析する方法）を行うという場合です。これも広い意味ではインターネット・リサーチといえます。

●二次データは信頼性に注意

二次データを使用する際は、データの信頼性に注意します。他人が調査した結果ですから、そのデータが間違っていたり代表性がなかったとしても、自分の責任で使うことになります。

たとえば、5年後の15～18歳の人口が知りたいのであれば、総務省のホームページに信頼できるデータがあります。この信頼性は「総務省」という官庁への信頼であって、予測方法を厳密に調べて信頼するということではありません。このようにデータの出典をチェックすることで、信頼性を判断できます。

検索だけでなく、二次データを集計する場合もあります。たとえば、当該のようにデータの出典をチェックすることで、信頼性を判断できます。

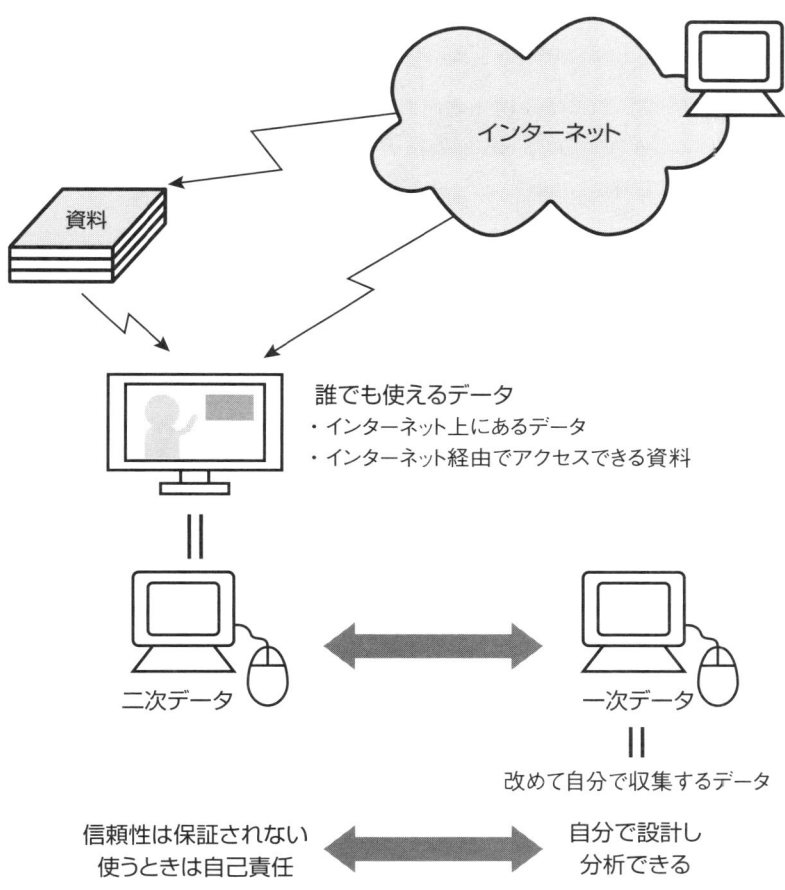

Section 6

調査媒体によらない分類もある
さまざまな調査手法とインターネット

マーケティング・リサーチは、そのリサーチテーマによってさまざまな手法があるが、それぞれの手法とインターネットとの関わりは？

●リサーチテーマで調査手法を分類

マーケティング・リサーチのデータ収集媒体としては、インターネットのほかに調査員、電話、ファクシミリ、郵便などがあり、媒体ごとの調査手法を郵送調査、電話調査、ファクス調査、郵送調査と呼んでいます。さらにデータ収集媒体には関係なく、リサーチテーマによって、次のようにマーケティング・リサーチの手法を分類しています。

① **CLT**（Central Location Test）…会場テストともいいます。ある会場に集まってもらって、CMや陳列棚を見せて評価をしてもらう方法です。これは対象者のリクルーティング（募集）以外で、インターネットが役立つ場面はありません。

② **HUT**（Home Use Test）…その名のとおり、家庭で使ってもらって評価してもらうという方法です。この方法も実際に物（使ってもらう製品）が動く（輸送する必要がある）ので、インターネット・リサーチではできません。ただ、使用法の説明や使っている間の評価、使い方の変更などはネット経由で行ったほうが合理的です。

③ **観察調査**…調査対象の動きを観察することでマーケティングの知見を得ようという方法です。具体的にはキッチンにビデオカメラを設置して、キッチンでの動線を観察したり、キッチン用具（冷蔵庫、電子レンジなど）の使い方、たとえば、冷蔵庫のドアは何回開閉されて、何秒くらい開いているかなどを測定します。この方法は、インターネットのストリーミング技術を使って遠隔で観察することが可能です。

④ **ミステリーショッパー**…同じ観察調査の範疇に入りますが、実際にお店に行って、指示どおりの陳列がされているか、接客態度はどうかなどの項目を調査員がチェックします。インターネットの通販サイトでは、サイトの使い勝手の評価という目的でインターネットのミステリーショッパーが行われています。

さまざまな調査手法で活用されるインターネット

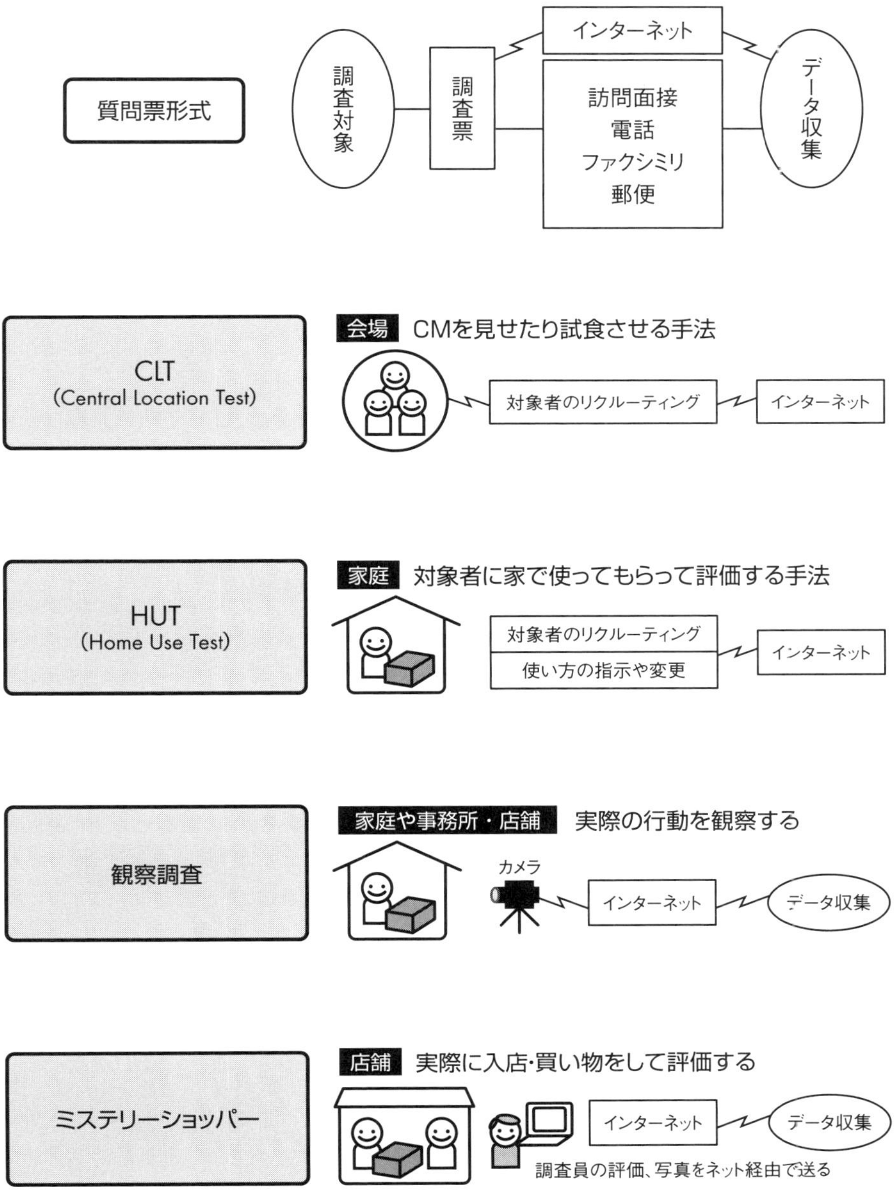

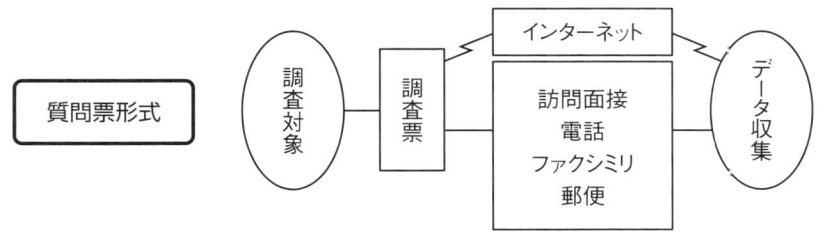

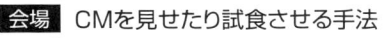
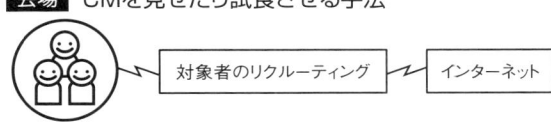

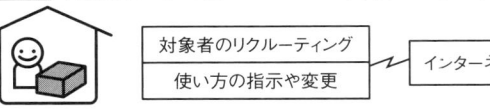

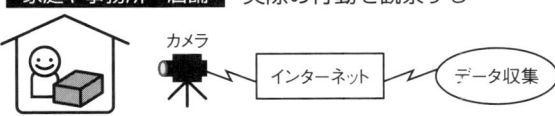

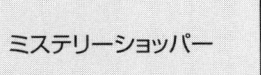

Section 7

ややもすると境界が曖昧になりがち
インターネット・リサーチと販促

インターネットは販促に結び付けて使うと効果を上げやすい面をもつが、本来、リサーチと販促は厳密に分けるべきもの。

●ネットが販促機会を増やした

インターネットはマーケターと消費者を直結させることができる媒体です。店舗販売が主流の時代は、マーケターが自社製品ユーザーをつかまえようとしても、来店する不特定多数の中に埋もれてしまっていました。それがネット通販であれば、自社ユーザーを1人ひとり特定し、購買記録も蓄積でき、そこからその人だけの「お薦め商品」の提案もできます。また、自社製品ユーザーに限定して懸賞やプレゼントキャンペーンなどの販促活動をしたり、製品評価や購入意向などのリサーチをすることも可能です。

誰でも参加できるアンケート形式のオープンキャンペーンを行い、その応募者にリサーチを実施して自社製品の潜在顧客を開拓するということもインターネットが可能にしました。ネット以外の媒体でもこのようなことはできますが、郵送料、電話代などの費用が応募者数に比例して増えるので実施できなかったのです。キャンペーンに応募してもらうとき、こちらから連絡（メール）してもよいというパーミッション（了解）を取っておけば、販促のターゲットもリサーチの対象者も簡単に集められるようになりました。

●リサーチと販促は厳密に分けるべき

このような状況では、リサーチと販促の境界が曖昧になってしまいます。販促目的のアンケート調査はマーケティング・リサーチとはいえません。販促とわかれば、対象者も景品等があるように主催者側の意図に沿うような回答内容になります。これでは正確なリサーチができなくなってしまいます。

これを防ぐには、インターネット・リサーチは、インターネット・リサーチ専用のモニターを使うことが必要になります。大量の会員を抱えていても販促や懸賞サイトのモニターを利用するときは、細心の注意が必要です。日本マーケティング・リサーチ協会（JMRA）も、会員各社にリサーチと販促を厳密に分けるように要請しています。

商品の直接販売につながるアンケートはリサーチとはいわない

●CRM(Customer Relationship Management)

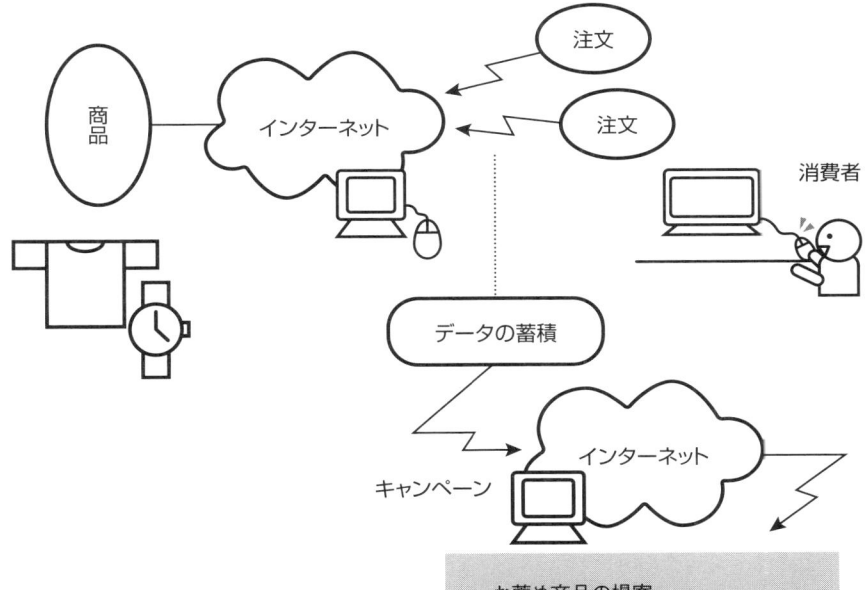

●インターネット・リサーチ

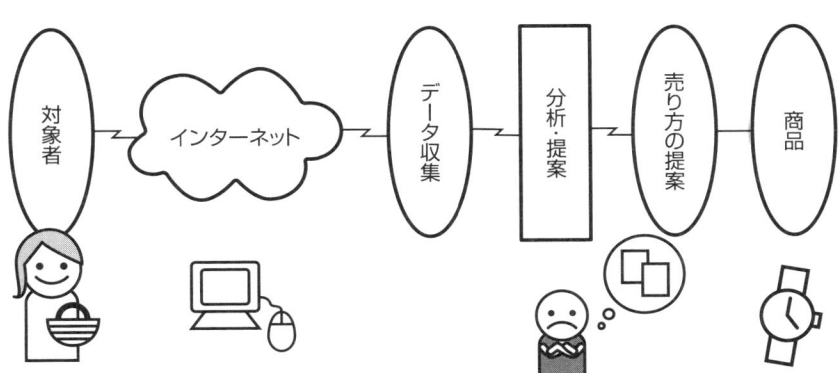

Section 8

インターネット・リサーチの二つの手段
PCネットと
モバイルネット

端末をインターネットに接続できれば、いつでもどこでもインターネット・リサーチ。据置型と移動型の2種類の端末の違いによって、特性も異なる。

●PCネットで発展

インターネット・リサーチは、データ収集の媒体にインターネットを使います。そしてインターネットは、端末（パソコンや携帯電話）がインターネットに接続されていれば、世界中どこからでもアクセスすることができます。マーケティング・リサーチは暗黙のうちに日本国内市場を想定していますが、インターネット・リサーチには原理的に国境はありません。もちろん、日本語の壁がありますから、海外居住の日本人しか対象にはできません。

インターネット端末には据置型と移動型（モバイル）があります。据置型の代表はパソコンで、モバイルは携帯電話など携帯端末になります。据置型は「光」など高速・大容量通信が可能ですが、モバイルは無線を使うので据置型に比べて通信の質が少し劣ります。

インターネット・リサーチは、据置型の端末で発展してきました。従来のマーケティング・リサーチと同じように、定住した生活者を前提としていたのです。つまり、単身者でも世帯の一員でも、住所がきちんと決まっていて、自分で消費行動している人々を調査対象の面接といえます。伝統的な訪問面接調査の面影といえます。インターネット・リサーチも定住した生活者をモニターとしています。

インターネット・リサーチモニターは住所、年齢、家族構成、業種・職種、収入ランク、耐久財保有状況などの基本属性の豊富さで、他社との差別要因となっています。

●ライブ感があるモバイルネット

モバイル端末には外出中でも回答できる優位さがあります。

モバイル端末でのインターネット・リサーチは、ライブな情報が得られるという特性があります。イベント会場でそれぞれの催し物を見ながら評価してもらうことも可能です。家に帰ったら忘れてしまうような現場の感覚が捉えられます。現場の写真をその場から送ってもらうこともできます。

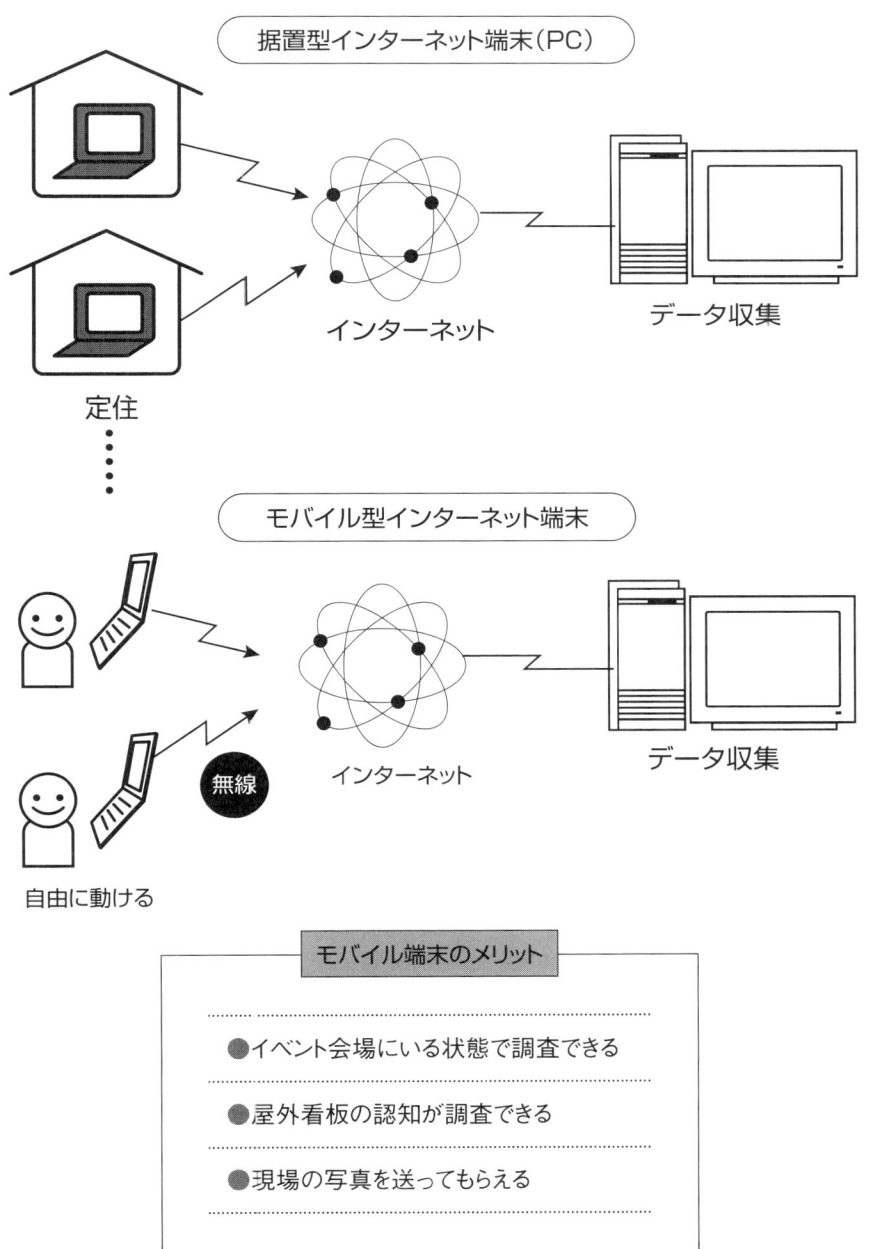

Section 9

センスが発揮されるのは主に二つの段階

リサーチセンスの磨き方

サンプリング理論の基本をマスターしたうえで、調査票作成のためのコトバのセンスと分析のためのデータ解釈のセンスを磨く。

●調査票作成にはフレーミングを意識

マーケティング・リサーチを職業とする人をリサーチャーといいます。リサーチャーにはマーケティングの知識、リサーチの知識とリサーチに関するセンスが必要です。リサーチセンスを磨くには、多くの業務を体験することが必要です。インターネット・リサーチはサンプリング理論とはいえませんが、どんな質問文かどこが調査したかを確かめる習慣を身につけることでサンプリング理論に関する基本的な勉強はしておくべきでしょう。

インターネット・リサーチのセンスは、調査票作成とデータ解釈で発揮されます。調査票作成にはフレーミングを意識することが大切です。むずかしくいうと、人の理解や認知はすべてあるフレームの中で行われていて、ありのままの理解や認知はできません。たとえば、ある商品のフレーミングを「地方特産品」とするか「手づくり品」とするかで、味の評価の回答結果が違ってきます。このように、フレーミングはバイアスになることもあります。

●データ解釈には疑い深さも必要

データ解釈のセンスは「疑い深く」なることで磨かれます。新聞やインターネットのニュースなどで発表された調査結果をみるとき、実施時期、サンプル数、サンプル構成(性別、年齢など)、質問文までが表示されることが多いのですが、質問文まで表示する記事はほとんどありません。「電気自動車が好きという人が半数以上の54%」という記事なら、電気自動車とハイブリッド車を比較した質問か、ガソリン車とか、それとも3者(車)なのかを知ろうとする姿勢が、リサーチセンスを磨くということです。

さらに調査主体が第三者なのか、利害関係のある業界団体なのかということもチェックするクセをつけます。

最後に、常に自分を1人の消費者として自己観察することです。こんな場合、消費者である自分はどう考え、どう行動するかと意識するのが大切です。

リサーチセンスを磨くにはマーケティング知識が必要

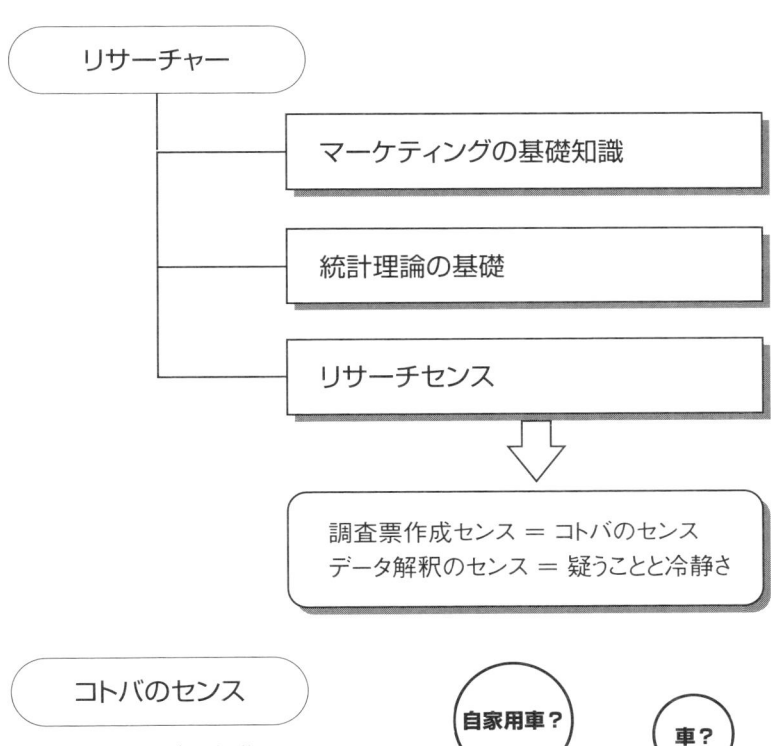

コトバのセンス

- フレーミングを意識する
- 正確なコトバ遣い
  ※たとえば、「車」とするか「自家用車」とするか

データ解釈のセンス

- 統計数値の意味の理解
    集計数、平均値、中央値、最頻値
    分布型、相関係数など
- 消費者としての自己の観察
    消費者としてあり得ない数値→異常値
    納得的なデータ解釈

Section 10 個人情報保護とインターネット・リサーチ

モニター個人に了解を取って情報を蓄積

個人情報保護の動きととときを同じくして普及したインターネット・リサーチ。そのために、個人情報は保護するが個人は特定したいというジレンマがある。

●名簿ビジネスの成立に対抗する動き

マーケティング・リサーチは、個人情報と個人のプライバシー情報を扱います。「プライバシー」はリサーチ業界に限らず古くからある概念ですが、「個人情報」という概念はコンピュータとインターネットの普及によって新たに問題になってきたものです。

伝統的な訪問面接調査では、抽出された対象者への挨拶状と実際に面接調査する最初に、「回答は個人の回答内容がわからないよう合計値や平均値といった統計的な処理を行うので、プライバシーは完全に守られる」ことの確認作業を必ず行っていました。このとき想定していたプライバシーは、個人・世帯の学歴や収入、資産などでした。調査対象者からよく出る「どうして私が選ばれたの?」という質問については、「住民基本台帳から無作為に抽出しました」という回答で納得してもらっていました。住民基本台帳の閲覧拒否はできない時代があったのです。やがて住民基本台帳や卒業生名簿、職員名簿、会員名簿、顧客名簿等をコンピュータでデータベース化し、大規模に販売する違法すれすれのビジネスが成立するようになりました。こうした名簿に家族構成の変化(結婚、子供の誕生)や購入履歴(カローラからベンツに乗り換えた)などの情報が蓄積され、本人が知らない間に生活全体を把握されてしまう事態が生まれたのです。

そうした事態に対して「個人情報保護法」が制定、施行されたのです。「個人が特定できるあらゆる情報は、本人の承諾なしで収集、保存、改変ができない」というのが基本的な考え方です。個人が特定できる情報としては氏名、住所、電話番号などが代表的です。氏名を記号化してしまえば個人情報とはいえないわけではなく、住所などから特定できれば個人情報となります。マーケティング・リサーチにとって非常に厳しい条件を備えている法律です。

●インターネット・リサーチのジレンマ

インターネット・リサーチが普及す

個人情報にはプライバシー情報も含まれる

「個人情報の保護に関する法律」（平成15年5月30日法律第57号）

第1章

第1条
-略-
個人情報の有用性に配慮しつつ個人の権利利益を保護することを
目的とする。

第2条
この法律において「個人情報」とは、生存する個人に関する情報であって、
当該情報に含まれる氏名、生年月日その他の記述等により
特定の個人を識別できるもの（他の情報と容易に照合することができ
それにより特定の個人を識別することができるものを含む）。

モニターの属性情報の充実　→　インターネット・リサーチモニター　←　個人情報は完全に保護
（相反する2つの条件を満たす必要）

るのと個人情報保護法が成立したのとは、ほぼ同時期でした。インターネットの世界は匿名性が特徴で、その気になれば個人を明かすことなく情報のやりとりや商取引もできます。一方で、インターネット・リサーチは匿名性を活かしつつ、「なりすまし」や「いい加減な回答」を阻止しなくてはいけません。個人情報は保護するが個人は特定したいというジレンマを抱えています。

インターネット・リサーチのモニター名簿は、数だけでなく特定の個人の属性情報、デモグラフィック特性（性別、年齢など）、ソシオエコノミック特性（収入、資産、耐久財所有など）、サイコグラフィック特性（心理特性など）、さらにはマーケティング特性（購入履歴）が充実している必要があります。そこで、モニター個人にパーミッション（了解）を取って情報を蓄積しています。

Internet Research

2章

マーケティングとインターネット・リサーチ

- Section11 マーケティング意志決定とリサーチ
- Section12 マーケティングテーマとリサーチ
- Section13 マーケティングプロセスとリサーチ
- Section14 ターゲット市場によるリサーチの違い
- Section15 市場を知るためのリサーチ
- Section16 消費者インサイトを探るリサーチ
- Section17 新製品開発のためのリサーチ
- Section18 市場の将来を予測するためのリサーチ
- Section19 流通市場を知るためのリサーチ
- Section20 価格に関するリサーチ

Section 11

精確で迅速なリサーチ結果が意思決定を助ける

マーケティング意思決定とリサーチ

マーケティング活動は意思決定の連続。そのときに役立つ情報を提供するのが、マーケティング・リサーチの役割となる。

● マーケティング意思決定の判断材料

マーケティング・リサーチは、マーケティングの意思決定に役立つ情報を提供する目的で実施されます。マーケティングを行うということは、連続した意思決定を行うことです。検討中の新製品は発売すべきか、どんな値付けで競合メーカーの低価格戦略に対抗すべきか、新規店舗にはどういった棚割を提案するか、来月の広告投下量はどの程度にするか、というように常に意思決定を迫られています。

これらの意思決定をとどこおりなく行うには、いろいろなデータが必要です。競合メーカーの安売り攻勢に対してどう対処するかを例に取ると、店頭価格の推移について、地域、チェーン別のデータが必要です。自社製品の価格は自社で把握できますが、競合メーカーの価格は調査しないとわかりません。さらにシェアの推移がどうなっているかのデータも必要です。単純に考えて、シェアに大きな変動がなければ「無視」の戦略ですし、シェアがダウンしていれば何らかの対抗手段が必要という意思決定になります。

ですから、マーケティング・リサーチの結果は精確である必要があります。マーケティング・リサーチはこんなときの前照灯、サーチライトの役割を担っています。データとはいえません。「何％の店舗で平均2円、店頭価格が自社に比べて安くなっている」というリサーチ結果こそがデータなのです。

● 求められる精確さと迅速さ

マーケティング意思決定は競合関係の中で行われるため、自分の都合だけでは決められません。そのため、データがそろっていない状況での意思決定は、闇夜の高速道路を無灯火で突っ走るようなものです。マーケティング・リサーチはこんなときの前照灯、サーチライトの役割を担っています。

「多くの営業マンが競合他社の製品が安売りされていると言っている」では、データとはいえません。「何％の店舗で平均2円、店頭価格が自社に比べて安くなっている」というリサーチ結果こそがデータなのです。

もう一つ、データ提供のスピードも重要です。意思決定が行われた後にいくら精確なデータが出ても、それはまったく役に立ちません。

34

マーケティング・リサーチはデータによってマーケティング意思決定を助ける

マーケティング ＝ 意思決定の連続

- セールスマンのレポート
- 他部門からの報告
- 流通業者からの情報
- 店頭情報
- 広告関連情報
- マスコミ情報

↓

意思決定のための情報・データ

既存のデータではわからないこと
データの信頼性が低い場合

↓

マーケティング・リサーチの実施

●マーケティング・リサーチの必要条件

- データの精度が高いこと
- データ提供のスピードが速いこと
- 費用が安い（妥当な）こと

バランス

- 精度が高くても費用が高いと実施できない
- 精度が高くても時間がかかるのでは意味がない
- 費用が安くても精度が低いと使えない

Section 12

テーマによってリサーチポイントは異なる
マーケティングテーマとリサーチ

マーケティング活動もマーケティグ・リサーチも「4P」といわれる四つの要素に分解できる。

●マーケティングの四つの要素とリサーチのポイント

マーケティングは「4P」といわれる四つの要素に分解されます。四つの要素とは、製品（Product）、価格（Price）、場所（Place）、プロモーション（Promotion）で、それぞれの頭文字がPになっています。

①製品…素材（原材料）、製造方法、機能・性能、容器・容量などに分解され、パッケージやネーミングも製品を構成する要素となります。マーケティング・リサーチの企画や分析作業では、これらの要素分解のクセをつけておくことが重要になります。

②価格…実数値で表されるので、最もわかりやすい要素といえます。

問題は、その数値の意味解釈と関係性の把握です。製造原価と流通コストに適正な利益を上乗せした価格（積上げ価格、公共料金）、製品を所有することが地位や趣味・センスを表現する価格（プレミア価格、ブランド品、ぜいたく品）、基本機能・性能に差がないために競合製品より1円でも安くして売りたいという価格（競合価格、コモディティ商品）の3種類が、価格の意味解釈です。

公共料金的な価格設定を除けば、あらゆる価格は関係性の中で決まります。価格に関するリサーチは、この関係性の分析が中心になります。

③場所…流通や店頭という意味です。スーパーマーケット、コンビニなどの実在するリアルな店舗とインターネット通販などのバーチャルな店舗があります。場所のリサーチでは、訪問客数と平均購入単価の把握が基本となります（訪問客数×平均単価＝売上）。

④プロモーション…広告宣伝・販売促進のことです。プロモーションは、リーチとフリークエンシーが基本指標になります。リーチとは、広告や販促が目標としたターゲットの何割に届いたかという指標です。フリークエンシーとは、届いた個人や世帯の中で繰り返し接触した回数や割合のことです。

マーケティングの 4P とマーケティング・リサーチのテーマとの関係

製品（Product）	● 製品コンセプト調査 ● 製品評価調査 ● パッケージ（デザイン）調査
価格（Price）	● 店頭価格調査 ● 価格弾力性調査 ● チラシ価格調査 ● 価格比較サイト調査
場所（Place）	● 購入経路調査 ● 入店客調査 ● 店内動線調査 ● 棚割調査
プロモーション（Promotion）	● 広告認知・認知経路調査 ● 広告効果測定 ● プロモーション効果測定

Section 13

「科学的」なマーケティングを目指して

マーケティングプロセスとリサーチ

マーケティング活動のほとんどのプロセスでリサーチは重要です。リサーチ結果をよく理解してこそ、それを越える新鮮なアイデアが生まれます。

●マーケティング活動の基本プロセス

マーケティング活動は、計画、意思決定、実施、評価のプロセスで行われるべきです。経験や知識、新鮮なアイディアは必要ですが、単なる思いつきや勘だけで行われるものではありません。マーケティングは長期間にわたってという成果を上げたかのデータを、それぞれ収集・分析して、次回の計画・意思決定に役立てるようにします。

継続性のない製品や企業は、マーケティング価値が低いと考えられます。

ある新製品が成功しても、どのように計画・意思決定（Plan）をし、どのように市場導入（Do）をし、どのようにきちんと評価・観察（See）しておかないと、次の新製品開発に役立てることができません。この計画、実行、検証のプロセスは新製品に限らず、あらゆるマーケティング活動の基本です。

●リサーチで独りよがりを避ける

マーケティング・リサーチは、これらの場面で精度の高いデータを提供することで貢献します。計画の場面では、市場の実態を表すデータとして市場規模、需要予測、競合関係などの基本データを、実行の場面では、ブランドの認知率、店頭配荷率などのデータを、

新製品や新しい販促を思いついても、リサーチをせずに実行した場合、消費者のニーズを無視した「独りよがりなもの」になってしまう危険が大きくなります。そこで、リサーチを行って客観的な計画・判断を下すようにします。実施を決めても何もリサーチしないと、思いどおりに店頭に展開されずに販売機会を失うことになります。最終的には週単位、月単位、四半期・半年・年間単位でリサーチを行い、市場の評価を把握しておきます。

このように、マーケティング活動のプロセスごとにリサーチを実施することで「科学的」なマーケティングが行え、一般的な法則や自社に固有な方法論を蓄積することができます。

Plan、Do、See の各場面でリサーチがデータを提供する

●マーケティングは継続的な成功プロセス

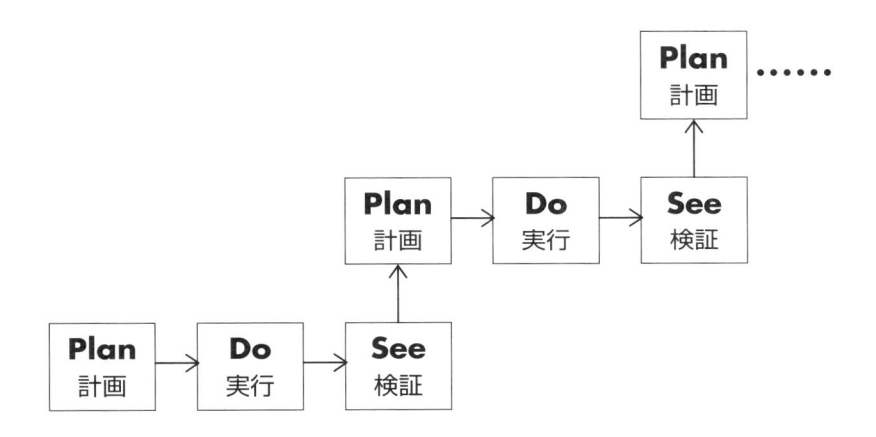

```
                                          Plan ……
                                          計画
                                           ↑
                       Plan → Do → See
                       計画   実行   検証
                                ↑
Plan → Do → See
計画   実行   検証
```

●マーケティングプロセスを成功に導くには、場面ごとに精度の高いデータが必要

Plan 計画	●市場実態・市場トレンドの方向性 ●製品のポジショニング ●競合関係分析 ●流通分析
Do 実行	●店頭配荷率 ●広告到達率 ●プロモーション評価
See 検証	●シェア関係の推移 ●店頭価格の推移

Section 14

リサーチ対象の市場には2種類ある
ターゲット市場によるリサーチの違い

マーケティング・リサーチの対象には、BtoC市場とBtoB市場がある。ターゲット市場が違えば、リサーチのやり方なども異なってくる。

●リサーチの大半はBtoC市場が対象

マーケティング・リサーチは、消費者を対象にすることが多いのですが、企業や団体が対象のケースもあります。前者をBtoC市場、後者をBtoB市場といいます。BはBusiness、CはConsumerを意味しています。本書でもとくに断らない限り、BtoC市場を対象にしたリサーチのことを述べています。この項目では、BtoB市場に関するリサーチについて述べてみます。

一般消費財でも、購入・使用するのが企業や団体の場合があります。醤油が外食産業や食品加工メーカーで使われる、乗用車がタクシーなど営業車として使われる場合などです。ただ、これらは業務用市場ではありますがBtoB市場とはいいません。BtoBは、そのままでは製品、サービスとして完成していないものを扱う市場と定義します。半導体のチップはそれだけでは使い物にはなりません。組立メーカーによってパソコンなど電気製品に組み上がってはじめて製品となります。秋葉原などでチップそのものが販売されることもありますが、それは例外です。

●専門家が対象となるBtoB市場

ここで、MRI（磁気共鳴撮影装置）の国内設置シェアを知りたいというテーマがあったとします。MRIは高額で高度な医療機器ですから、病院や研究所以外には設置されていません。そこで全国の病院、医療研究所、医系大学を母集団とします。企業・団体が対象者とはいえ、回答してくれるのは個人です。総務関連で機器導入のことがよくわかっている人を探し出すことが重要です。インターネット・リサーチを行う場合、こういった個人のメールアドレスがわかる必要があります。

BtoB市場のリサーチで、「デルファイ法」が使われることがあります。これは専門家を対象にして、調査結果を何度か対象者に戻して（フィードバック）再調査します。こうすることで回答がある値に収束します。需要予測、技術予測に有効です（18項参照）。

調査対象によってリサーチの方法なども異なる

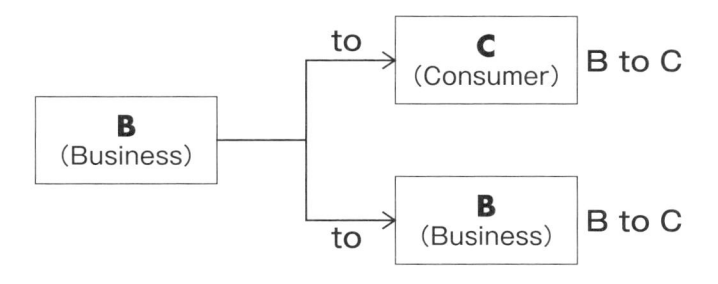

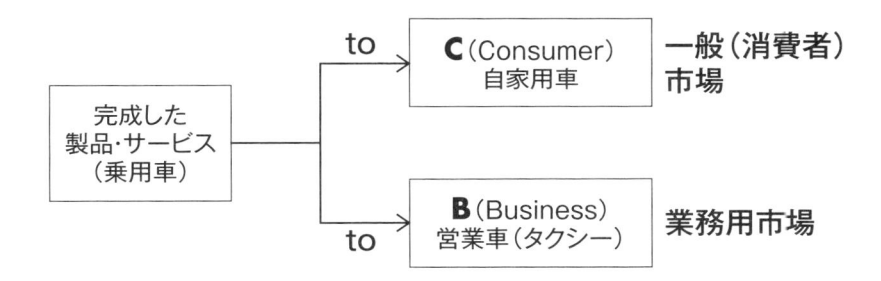

```
                    to    ┌─────────────┐
              ┌─────────→ │      C      │  B to C
┌─────────────┤           │ (Consumer)  │
│      B      │           └─────────────┘
│  (Business) │
└─────────────┤           ┌─────────────┐
              └─────────→ │      B      │  B to C
                    to    │ (Business)  │
                          └─────────────┘
```

```
                          ┌─────────────────┐
                    to    │  C (Consumer)   │  一般（消費者）
              ┌─────────→ │    自家用車      │  市場
┌─────────────┤           └─────────────────┘
│  完成した    │
│  製品・サービス│
│   （乗用車）  │           ┌─────────────────┐
└─────────────┤           │  B (Business)   │
              └─────────→ │  営業車（タクシー） │  業務用市場
                    to    └─────────────────┘
```

B to B のリサーチでも回答者は企業・団体を代表する個人となる

（テーマ）
MRIの設置率を知りたい

（母集団）
全国の医療機関・研究機関（開業医は除く）

（調査対象）
MRI設置について知っている社員・総務係員

Section 15

マーケティングは限定市場が対象
市場を知るためのリサーチ

自分達がエントリーしている市場については、リサーチによってその**市場規模、成長性、競合関係**を正確に把握することが重要。

● 限定市場を把握するための三つのポイント

企業のマーケティング活動は、ある限定された市場で行われます。乗用車メーカーはトラック・バスを除いた自動車市場、インスタント麺のメーカーはナマ麺の市場は除外して自分の市場を限定します。こうして限定した自分の市場に関して知っておくべきことは、市場規模、成長性、競合関係です。これらを精確に把握するためにリサーチが実施されます。

① **市場規模**…マーケットサイズといわれるもので、金額と数量（個数、重量）で表されます。新車登録など官庁統計がしっかりしている市場であれば、市場規模は二次データでわかるのでとくに調査する必要はありませんが、インスタント麺のような市場では改めて調査する必要があります。方法は、年間で何個、いくらでインスタント麺を購入したかを訊けばよいのですが、人間の記憶は正確ではないので、買い物記録をつけてもらうというパネル調査が必要になります。

② **成長性**…市場規模の把握と同時に、その市場が成長しているか、停滞しているか、縮小しているかを知ることが必要です。過去のデータを並べ、その傾向を将来に伸ばしてみる方法が一般的ですが、技術革新や新規参入メーカーの有無など定性的データも必要です。

③ **競合関係**…市場を知るために最も重要なことです。競合関係はシェアで表されます。シェアとは、市場全体を100としたときに自社の売上が何％を占めているかです。シェアはメーカー別、ブランド別、サイズ別と詳しく見ていきます。さらに地域別、消費者セグメント別（性別や年齢などで消費者を分割する）にも数値を出します。

最後に、これらを総合して市場同士の関係を把握する必要があります。たとえば、携帯電話機のシェア関係だけに注目していると、携帯電話がポータブルなゲーム機と競合しているというようなことを見逃す危険があります。

リサーチする市場をはっきりと定義することが大切

◉自社製品が競合関係にあると思われる市場に限定する

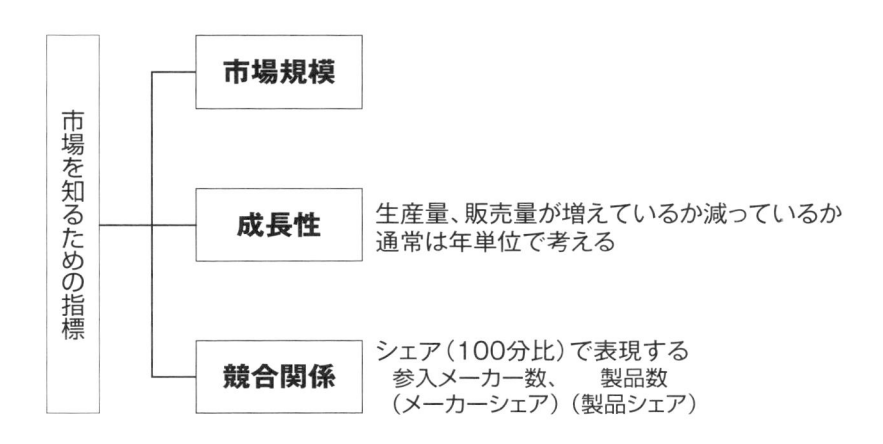

市場を知るための指標
- **市場規模**
- **成長性** 　生産量、販売量が増えているか減っているか
  通常は年単位で考える
- **競合関係** 　シェア（100分比）で表現する
  　　参入メーカー数、　　製品数
  　（メーカーシェア）（製品シェア）

◉競合関係は消費者（ユーザー）の視点で考える

➡ 消費者の市場分析

メーカー視点の市場分類

	ゲーム市場	写真市場	携帯端末市場
ゲームセンター		プリクラ	
パソコン		写真編集	
ゲーム専用機			
携帯ゲーム機			
携帯電話		カメラ付き	
モバイルPC		カメラ付き	
デジカメ			

※カメラ市場と捉えるとプリクラや写真編集のPCが除外されてしまう

Section 16

購買を決定させる最後のひと押し

消費者インサイトを探るリサーチ

消費者が購買行動を起こすにはさまざまな要素が絡んでくるが、購買を決定付ける最大の要素を見つけることがリサーチの最終的な目的となる。

●購買行動の本当のキーは何か

消費者行動にあたって、最後のひと押しをする要素のことです。インサイト（insight）を直訳すると「洞察」という意味ですが、マーケティングでは「消費者行動の本当のキーになっている要素」という意味内容になります。

マーケティング・リサーチの分析では、消費者の認知や認知内容、コンセプト受容度、選好度、競合製品に対する優位性などたくさんの要素の関係を考えます。これらたくさんの要素が複合された結果が消費者の行動になるのですが、その「消費者の心のボタン」のことを消費者インサイトというのです。

●定性要素を見つけ定量的に検証する

たとえば、ある携帯電話の近未来的デザインの「クールなかっこよさ」が評価されているというリサーチ結果を受け、それを強調するCMをつくったが評価がよくない。そこで、再度リサーチしたところ、クールなデザインだけど、見ていて「癒される」感じが好きだから買ってみたい、と評価されたとします。このときの「癒される」というのが、消費者インサイトといえます。

この例のように、インサイトは定性的な要素（表現）です。そこでリサーチも、インタビューなど定性的な方法になります。さらに、インサイトは消費者の行動や意識の表面に現れていないことが多いので、深層心理を引き出すことに留意します。

インタビュー調査の場合は、その製品が関係する場面を広くインタビューします。携帯電話なら充電中など置いておく場面にも広げてインタビューします。また、フォトエッセイやコラージュ法などの方法も考えます。観察調査では、対象者の動きを先入観にとらわれず想像力豊かに観察することが大切です。

こうして発見できたインサイトを、インターネット・リサーチで定量的に検証します。

44

消費者インサイトを探るのがリサーチの最終目的

◉消費者インサイトとは

```
(消費者ニーズ) ──→ (購入意欲) ──→ (購入の最後のきっかけ)
       ↑           │                        │
       ┊ <購入をためらう>┊                        ┊
       ┊                                    ┊
       ↓                                    ┊
  ┃消費者インサイト┃ ──────→ (購入) ←┄┄┄┄┄┄┄┄┄┘
```

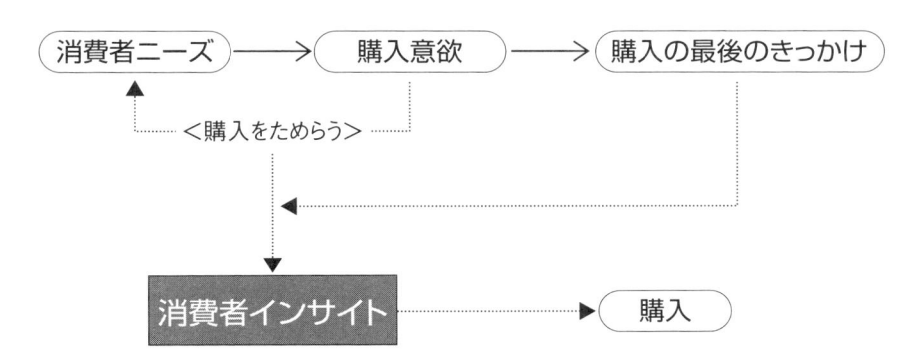

◉消費者インサイトを探る

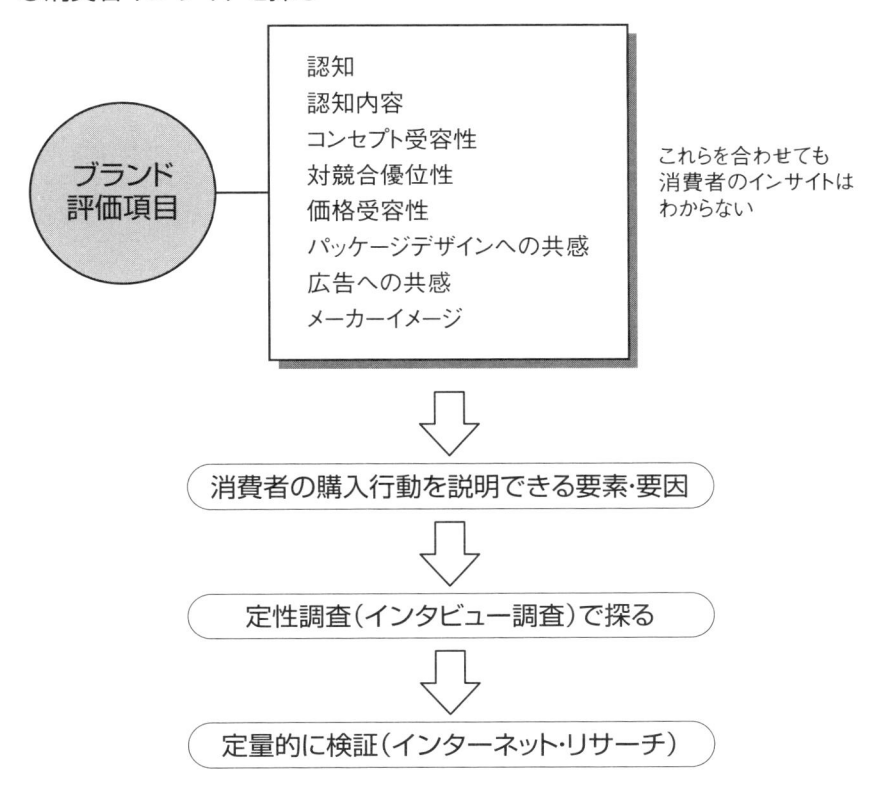

| ブランド評価項目 | — | 認知
認知内容
コンセプト受容性
対競合優位性
価格受容性
パッケージデザインへの共感
広告への共感
メーカーイメージ | これらを合わせても消費者のインサイトはわからない |

⇩

(消費者の購入行動を説明できる要素・要因)

⇩

(定性調査(インタビュー調査)で探る)

⇩

(定量的に検証(インターネット・リサーチ))

Section 17

シーズとニーズを知るために
新製品開発のためのリサーチ

新製品の開発には「シーズ発想」と「ニーズ発想」の二つがあるが、それぞれをに対応したリサーチがある。

●新製品開発の二つの発想法

新製品は、新しい原材料や技術があれば開発できます。新しい原材料や技術がなくても、意外な活用法や製造方法を当てはめることでも開発可能です。

こういった新製品開発のアプローチを、「シーズ発想」といいます。

新製品の発想法にはもう一つのアプローチがあります。消費者がどんなものをほしがっているか（ニーズ）を知ることから始まります。シーズがあってもニーズがなければつくった製品は売れないし、ニーズがあってもそれを具体化するシーズ（原材料や技術）がなければ新製品はつくれません。このように、シーズとニーズは表裏一体の関係にあります。

●シーズやニーズを把握して開発へ

シーズに関するリサーチは、自社の研究開発部門や製造部門へのヒアリングから始まります。その際に重要なのは、必ず現場を訪問することです。電話やEメールでもわかりますが、言葉や画像では伝わらない、現場でしかわからないことがあるからです。また、専門知識の有無にかかわらずリサーチャーの視点で現場を観察します。

さらに、インターネットのサイトも定期的に見ておくことが必要です。シーズの発見だけでなく、競合メーカーの動向が早い段階でチェックできます。

消費者ニーズを捉えるには、消費者に訊くのが一番です。問題は、消費者は専門家ではないということです。自分がどんな製品をほしいのか気づいていないし、わかっていても製品をつくれるようには表現できません。まして、どのようにつくったらいいかのヒントも得られません。そこで、消費者のニーズ調査が必要になります。ある製品ジャンルについてどんな製品がどんな「満足や利便性（ベネフィットという）」をもたらしているかを分析し、「足りない」部分を明らかにします。

いずれの発想からでも新製品アイディアをコンセプトとして開発し、受容性のチェックに進みます（77項参照）。

新製品開発のためのニーズ調査とシーズ調査

◉シーズ発想の新製品開発

- 新しい材料が開発できた
- 新しい製造方法が開発された
- 従来の材料を転用できる方法が見つかった

⇩

「消費者ニーズはあるか」の調査

◉ニーズ発想の新製品開発

- 消費者がほしがっているもの・ことは何か
- 消費者が気づいていない「ほしい」もの・ことは何か

⇩

「消費者ニーズを探る」調査
「消費者ニーズを実現する」技術・材料はあるかの調査

◉消費者ニーズを探る調査法

当該商品ジャンルの既存商品のベネフィットをポジショニングしてみる

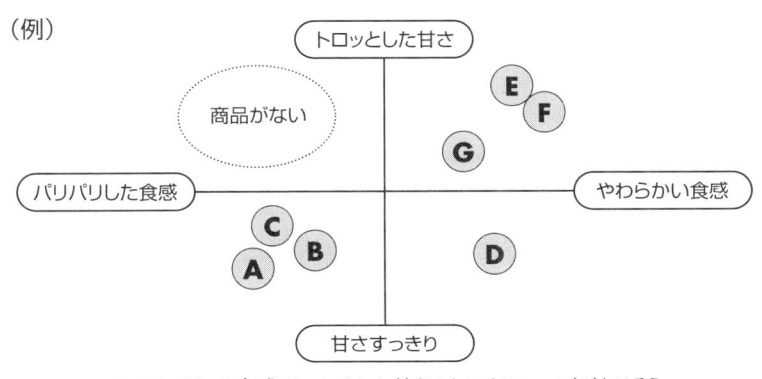

（例）

```
                    トロッとした甘さ
                        │
          商品がない      │      E
                        │        F
                        │    G
  パリパリした食感 ──────┼────── やわらかい食感
                      C │
                    A B │      D
                        │
                    甘さすっきり
```

※パリパリした食感でトロッとした甘さのところにニーズがありそう

Section 18

独りよがりの計画としないために
市場の将来を予測するためのリサーチ

自分を含めた市場全体の将来予測は大切。予測方法には、「移動平均法」や「デルファイ法」などがある。

●現実的な計画とするための将来予測

マーケティングは計画し、実行し、検証して、次の計画を立てるというサイクルで進行します。この計画のプロセスで自社の売上や利益の目標を設定しますが、そのとき自社の都合だけを考えていては、目標が現実的でなくなる危険が大きくなります。そこで、市場全体が将来的にどうなるのかをリサーチする必要があります。

将来予測の方法には二つの視点があります。いままでの傾向が今後も続くだろうという考えと、何か大きな変化が起こるかもしれないという考えです。当然、この二つの考えを複合して将来市場を予測する考えもあります。

●予測の精確性を高める方法

清涼飲料市場は毎年たくさんの新製品が発売されて激しく動く市場ですが、市場全体の消費量はそれほど大きく動きません。このように全体市場を考えれば、将来も過去の傾向を引き伸ばしたものになると予測できます。ところが、実際の月別のデータを並べてみると、その動きはジグザグです。そこで、ジグザグな動きの中から「滑らかな」動きを取り出す方法に「移動平均法」があります。各月のデータに過去5か月や11か月のデータを加え、6や12で割り算して計算します。この計算をすべての月のデータで行うと、ジグザグな動きが滑らかになります。

ただ、移動平均の考え方では新技術開発など急激な動きは予測できません。

それを補う予測の方法には「デルファイ法」があります。たとえば、3年後の市場を予測するリサーチを80人の専門家に実施します。その集計結果を80人に教えて、再び同じリサーチを行います。これを何回か繰り返すことで、「妥当な数値」に集約させていくのです。

集計結果で他の人の考え方を知ることで、極端な予測値を出した人の数値が修正されるのです。集計結果を素早く返す（フィードバックする）必要があるのでインターネット・リサーチ向きです（14項参照）。

過去→現在→将来と連続する予測と断絶がある予測

● 移動平均法

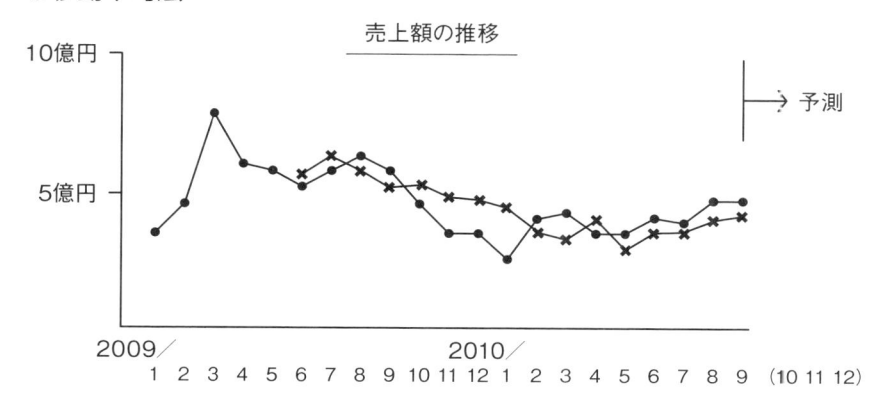

売上額の推移

※月別の売上はジグザグに動くので、移動平均を取ってみると
2009年からのダウントレンドは2010年4月頃で底を打っているといえる。
2010年10月以降は上昇基調になると予測できる

● デルファイ法

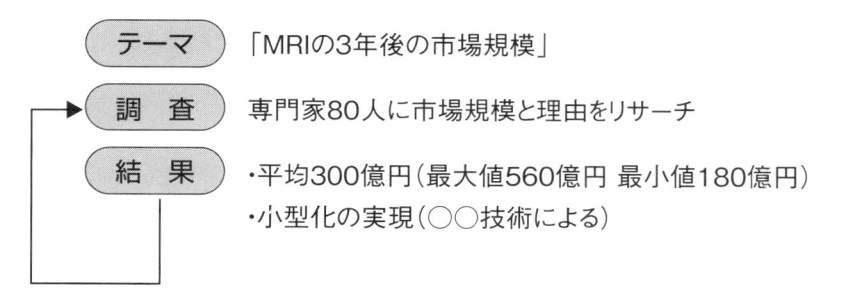

- テーマ：「MRIの3年後の市場規模」
- 調査：専門家80人に市場規模と理由をリサーチ
- 結果：
  ・平均300億円（最大値560億円 最小値180億円）
  ・小型化の実現（○○技術による）

結果を同じ対象に返して、同じ調査をする→極端な予測値が少なくなる

⇩

このプロセスを何回か繰り返す

⇩

ある数値に収れんする ＝ 予測値

Section 19

POSデータ以外に知りたいこと
流通市場を知るためのリサーチ

流通市場のリサーチでは、リアル店舗かヴァーチャル店舗か、メーカーの視点で見るか流通業の視点かによって、分析の視点が異なってくる。

流通市場は、実際の店舗(リアル店舗)で販売するか、店舗をもたずにウェブサイトやカタログ(ヴァーチャル店舗)を経由して販売するかで大きく分けられます。さらに、リサーチでは、メーカーの視点でみるか、流通業の視点でみるかで違ってきます。

●POSデータは万能ではない

メーカーの立場でリアル店舗をリサーチする場合、店頭配荷率、特売状況、陳列状況、店頭プロモーションの状況などがテーマになります。レジ通過時に収集されるPOSデータは、販売データですから配荷・陳列・プロモーションの状況までは わかりません。それらは調査員を派遣して調査します。

流通企業はPOSによって、店舗の効率や競合店舗に対する優位性まではよく把握していますが、店舗評価の重要な指標である売上額は「来店客数×客平均単価」ですが、正確な来店客数はPOSではわかりません。来店しても何も買わずに出て行く人はデータに残らないからですが、こういう人こそ調査するべきなので来店客調査が実施されます。

来店客調査は店舗の現場で行われるので、調査員による面接調査となります。

流通企業にとって、新規出店は重大な意思決定です。そのときの重要な指標として、その店舗がお客を引きつける地理上の範囲と、そこに住む人(あるいは行動範囲とする人)のうち何%を来店させられるかがあります。当然、競合店舗もありますからそれとの関係(強弱)も考慮します。これらを計算できる「ハフモデル」というモデルがあり、それに組み込む数値をリサーチします。

●ヴァーチャル店舗で捉えるべき指標

ヴァーチャル店舗は、ネット通販とカタログ通販があります。ネット通販の場合は、サイトへのアクセス数を把握するのが第一段階です。次にアクセスが購入にまで結び付いた割合、最後にリピート購入の割合が捉えるべき指標になります。

流通のテーマは来店客(サイト訪問)数×客単価を増やすこと

● 基本的な調査

	リアル店舗	Web店舗
来店客数	・商圏調査 ・来店客調査	・商圏は全国(全世界) ・アクセス数の把握
購入客数	・レジ通過客(POS)	・注文クリック数
客単価	・売上総額／レジ通過客	・売上総額／ 注文クリック(ID)数
リピート率	・自社店ポイントカード分析 ・(来店客調査)	・ID別の集計

● 戦略的調査

店舗(サイト) 魅力度	・店舗の大きさ・広さ ・品揃え ・価格 ・人的サービス	・アクセスしやすさ ・遷移しやすさ ・品揃え ・価格

ABC分析 ── 上位何%の客で売上(利益)の何%を占めるか

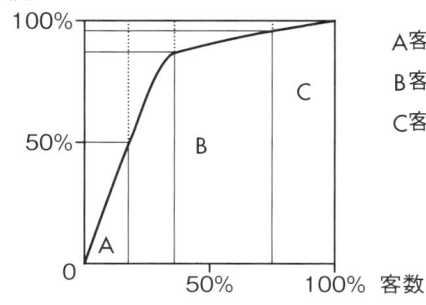

A客: 上位15%の客で売上の50%を占める
B客: 次の25%の客で売上の35%を占める
C客: 次の60%の客で売上の15%を占める

Section 20

マーケティング活動の成否に直結する
価格に関するリサーチ

「利益を上げる」ことはマーケティング活動の目的の一つ。そのために、どんな価格を付けるべきかを、リサーチをもとに決定することが必要になる。

●利益を上げるための価格とは

マーケティング活動の目的の一つに「利益を上げること」があります。どんなにすばらしいマーケティング活動でも、その結果が利益を生まない（損失を出す）のではその企業が倒産して、活動は停止してしまいます。マーケティング活動を継続していくためにも「利益」は大切なことです。

単純に考えて、利益は売上から経費を引いた金額です。そこで、すべての経費を足して利益額を上乗せして価格とすればよいわけで、電力料金、水道料金など「地域独占」が認められている商品・サービスはそうしています。

売上額は単価×販売数量（個数）なので、同じ売上額でも販売数量を増やせば単価が下げられることになります。

ただ、販売数量が増えれば費用が増えてしまい、利益が減ります。このバランスを考えるためにも、価格を常にリサーチしておく必要があります。

さらに1社独占という状態があり得ない消費財市場では、競争相手の価格も常にモニターする必要があります。

競合市場では「価格弾力性」の考えはほとんど使えません。価格弾力性とは、価格の上下に需要量（販売量）が連動するかどうか。電気料金が上がって節電する家庭が増えれば需要量が減れば価格弾力性が高いとし、需要量に変化がなければ弾力性が低いとする考えです。

価格に関するリサーチで重要なことは、弾力性よりも消費者の最終判断は価格を基準に行われるという事実の認識です。コンセプトチェックの調査（77項参照）で、コンセプトが受容されても価格を提示したら、「買う人はいると思うが、私は買わない」という反応になる場合があります。さらに消費者は商品ごとに「値ごろ感」をもっています。値ごろ感より1円でも安ければ「安い」と評価します。しかもこの値ごろ感は、普段の買い物や価格比較サイトなどによって常に変化しているのでリサーチする必要があります。

●消費者の値ごろ感を知ることが重要

一般消費財市場では価格は競合関係で決まる

● マークアップ方式の価格

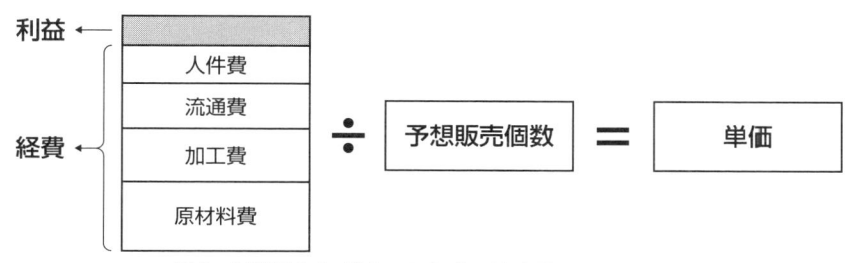

利益 ←
経費 ← { 人件費 / 流通費 / 加工費 / 原材料費 } ÷ 予想販売個数 ＝ 単価

※電力・水道料金などはこの方式で決まる

● 価格弾力性

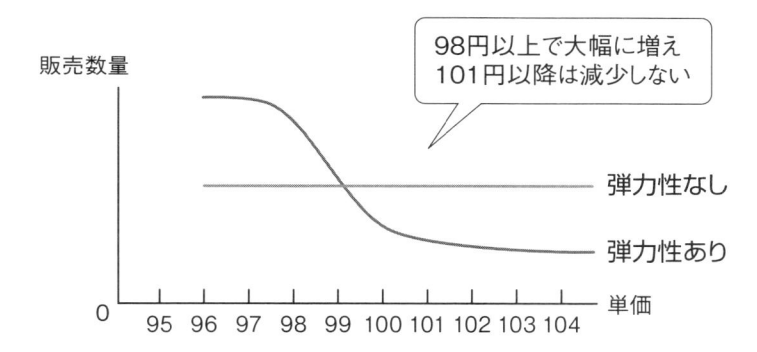

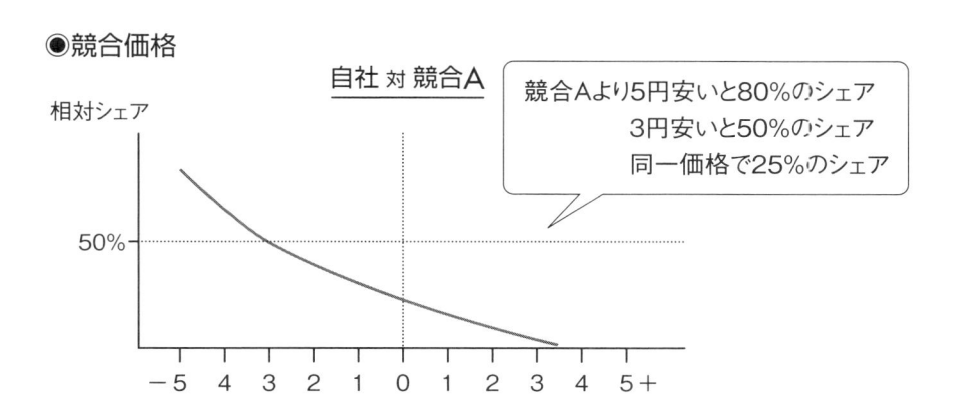

販売数量

98円以上で大幅に増え101円以降は減少しない

弾力性なし
弾力性あり

0　95　96　97　98　99　100　101　102　103　104　単価

● 競合価格

自社 対 競合A

相対シェア

競合Aより5円安いと80％のシェア
3円安いと50％のシェア
同一価格で25％のシェア

50%

−5　4　3　2　1　0　1　2　3　4　5＋

Internet Research

第3章 インターネット・リサーチの精度

Section21	母集団という考え方
Section22	サンプリング理論とインターネット・リサーチ
Section23	インターネット・リサーチのサンプル抽出
Section24	多段抽出という考え方
Section25	モニター制と無作為抽出
Section26	インターネット・リサーチのノンサンプリングエラー
Section27	インターネット・リサーチモニターの態度
Section28	アフターコーディングとエディティング
Section29	調査慣れと謝礼
Section30	インターネット・リサーチモニターの管理

Section 21

マーケティング・リサーチの出発点となる
母集団という考え方

母集団はあらかじめあるものではない。調査目的に従って限定していく。

●調査すべき集団を決める

マーケティングリサーチで扱う一番大きな集団が母集団です。これ以上大きなものはユニバースといいます。母集団の次に大きいのが調査対象集団(抽出集団)で、次が回収集団(回収サンプル数)となります。回収サンプル数は集計時の基本の数になります。

自家用車の車種別の利用実態を知るための調査を例に説明します。自動車市場はグローバル化しているため、まず地域の限定が必要です。ここでは日本国内とします。次に、自家用車ですからトラック・バスを除きます。これで「日本国内にある自家用車のオーナー」という母集団規定ができたことになります。

ただ、このままでは母集団を構成するメンバーがクルマそのものです。クルマはしゃべらないし、インターネットも使えませんから調査対象としてふさわしくありません。車種別のシェアくらいしかわかりません。そこで、母集団を「日本国内の自家用車オーナー」と規定し直します。これで抽出名簿としてクルマの登録名簿が使えます。

ここで、もう一度調査目的をよく検討します。車種別の利用実態ですから利用頻度、走行距離、走行目的、同乗者などをリサーチしたいわけです。そうなると、業務用の乗用車は除外すべきでしょう。そこで、抽出作業のとき、自動車の登録名簿から業務用(ハイヤー、タクシー他)を除外します。ここまでで、母集団が「日本の業務用を除く自家用乗用車のオーナー」と精確に規定されたことになります。

母集団規定を精密に行っておかないと調査結果を利用するときに困ったことが起こります。調査結果でトヨタクラウンのシェアが8・75%だったとします。ところが生産台数などからもっと高いはずだと調査結果に疑問が出されたとします。このとき、母集団規定をしっかりしておけば、「ハイヤー・タクシーにおけるクラウンのシェアの高さが原因と考えられます」と調査結果の正しさを主張できます。

母集団規定をしっかりしないと調査結果が正しく解釈できない

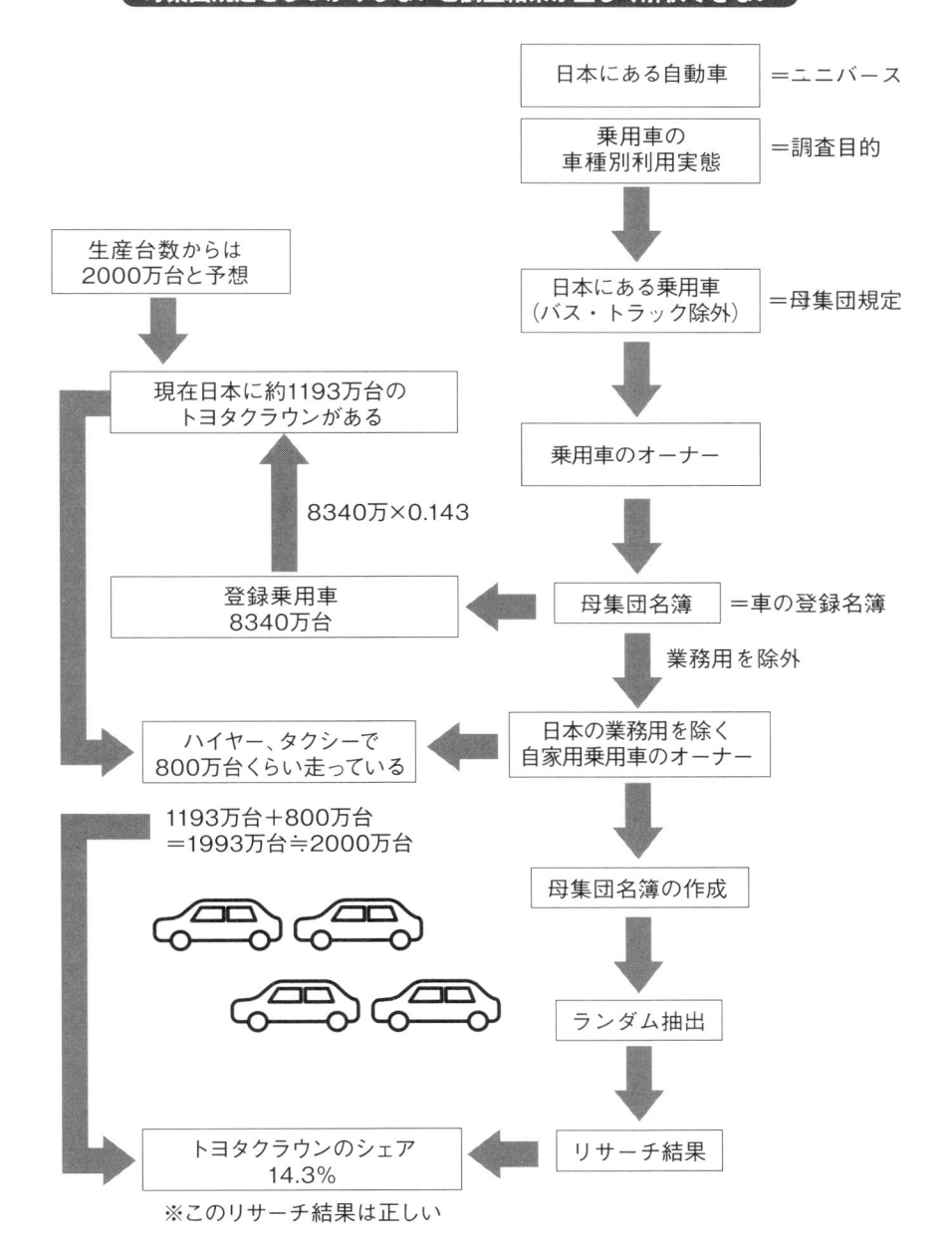

日本にある自動車 ＝ユニバース

乗用車の車種別利用実態 ＝調査目的

↓

日本にある乗用車（バス・トラック除外） ＝母集団規定

↓

乗用車のオーナー

↓

母集団名簿 ＝車の登録名簿

↓ 業務用を除外

日本の業務用を除く自家用乗用車のオーナー

↓

母集団名簿の作成

↓

ランダム抽出

↓

リサーチ結果

→ トヨタクラウンのシェア 14.3%

※このリサーチ結果は正しい

生産台数からは2000万台と予想

↓

現在日本に約1193万台のトヨタクラウンがある

↑ 8340万×0.143

登録乗用車 8340万台

ハイヤー、タクシーで800万台くらい走っている

1193万台＋800万台＝1993万台≒2000万台

第3章 インターネット・リサーチの精度

Section 22

少数の調査で全体がわかる
サンプリング理論とインターネット・リサーチ

マーケティング・リサーチは、サンプル調査から全体像を把握することだが、インターネット・リサーチのモニター名簿は母集団名簿とはいえない。

●リサーチの大半はサンプリング調査

マーケティング・リサーチのほとんどはサンプル調査で、そのリサーチ結果が正しいことを保証してくれるのが「サンプリング理論」です。サンプル調査の反対は「全数調査」ですが、すべての調査対象を調査するならサンプリング理論は必要ありません。全数調査の典型は「国勢調査」です。

サンプルは標本と訳されます。標本といえば「昆虫標本」です。あの昆虫標本は1匹でアブラゼミならアブラゼミという集団の姿を代表しています。調査目的がアブラゼミの姿・形を知りたいのであれば、サンプル「1」でも問題ありません。しかし、マーケティング・リサーチのテーマでは、1匹や1人で代表されるものはありません。

たとえば46代アメリカ大統領は1人ですが、アメリカ男性の平均的服装を知ろうとしたとき46代大統領の服装を調べるだけではわかりません。しかし、アメリカに住んでいる男性全員の服装を調べるのも不可能に近いし、莫大な費用がかかってしまいます。そこで、何人かの代表を選んでその人たちの服装からアメリカ全体を推定しようとするのが、サンプル調査です。

●重要となるランダム性

その際、どのように代表を選ぶのがよいかを教えてくれるのがサンプリング理論です。サンプリング理論の基本的な考えは「ランダム性」です。ランダムとは、対象となるすべてのサンプルが代表として選ばれる確率が等しいということです。スープの味見をするときかき混ぜますが、あれと同じことです。スープをよくかき混ぜておけば、どこを取ってもそのスープの味を代表するサンプルが取れます。

アメリカに住む男性をかき混ぜることは不可能ですから、「乱数」を発生させてサンプルを抽出します。そのためには、事前に全男性に番号を振った母集団名簿を用意しておきます（前項参照）。ただし、インターネット・リサーチでは母集団名簿がつくれません。

サンプリング理論があるから少数の調査結果で全体がわかる

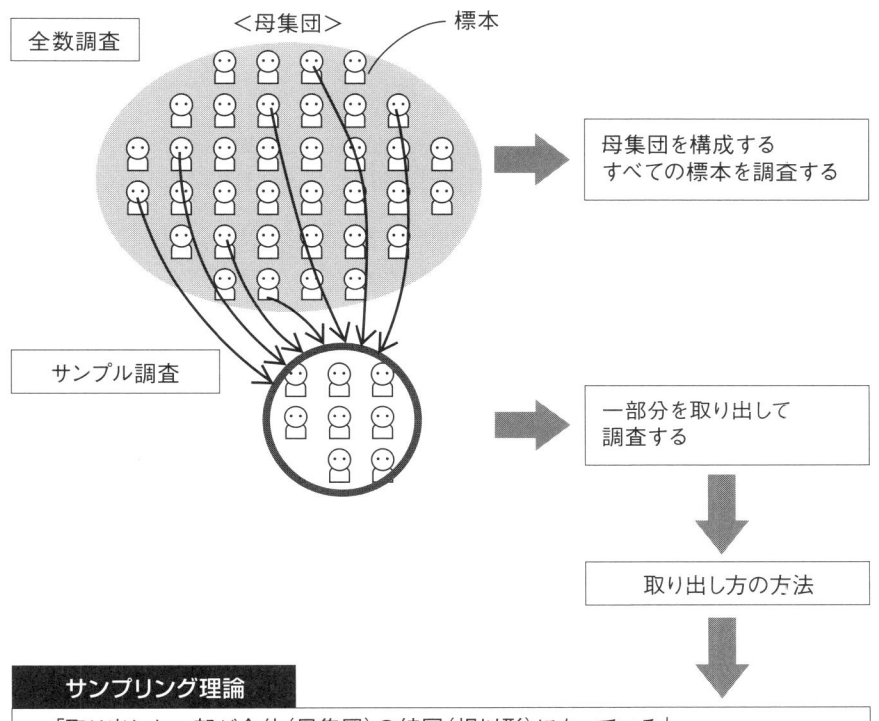

全数調査
<母集団> / 標本

→ 母集団を構成するすべての標本を調査する

サンプル調査

→ 一部分を取り出して調査する

↓

取り出し方の方法

↓

サンプリング理論

「取り出した一部が全体(母集団)の縮図(相似形)になっている」

↓

ランダムサンプリング

「母集団を構成するすべての標本に調査対象として選ばれる(抽出)確率が同じである」

↓

ランダムサンプリングには母集団名簿が必要

第3章 インターネット・リサーチの精度

Section 23

許容できる誤差の範囲と予算との兼ね合い
インターネット・リサーチとサンプル抽出

サンプルによる少数の調査でもより精確な結果を得るには、サンプルをランダム抽出することと、サンプル数をある程度多くすることが必要。

●全数調査に近い数値を得るには

前項でも述べたように、マーケティング・リサーチはサンプル調査が基本です。サンプル調査の結果が母集団全数調査の結果にできるだけ近い数値になるようにするには、サンプルをランダム=無作為に抽出することと、サンプル数を「ある程度多くする」ことが必要になります。

ここで、日本人男性の平均身長を知りたいという調査テーマがあったとします。男性人口は約6000万人です。この調査の目的が新しいスポーツウェアの開発のためなので、14歳以下と65歳以上は対象外として、15歳から64歳までとすると約3700万人になります。これが母集団です。

この中からサンプルをランダムに抽出すればよいのですが、何人の身長を調べたら母集団の平均値が得られるでしょうか。5人や10人では精確な数字が得られそうもないことは常識的にわかります。

さらに、サンプルをどんどん増やしていって3700万人に近づくほど精確になることもわかります(これを「大数の法則」といいます)。しかし、10万人とか100万人というサンプル数は現実的ではありません。

●サンプル数は中心極限定理で決める

サンプル数を決めるときは「中心極限定理」という考え方を使います。これは、リサーチ結果と母集団の値との誤差に関するもので、サンプルの数を増やすと誤差の分布は正規分布という釣鐘型の分布に近づくというものです。

正規分布になるという保証があれば、正規分布の裾野の3%や5%を間違える危険域と設定して、誤差が計算できるリサーチ結果が得られます。

具体的には、単純無作為抽出の誤差早見表にしたがって、許容できる誤差の範囲と予算との兼ね合いでサンプル数を決めます。

ただし、インターネット・リサーチのモニター名簿は母集団名簿として扱えないことに、注意が必要です。

サンプル数を増やしていけば全数調査になる

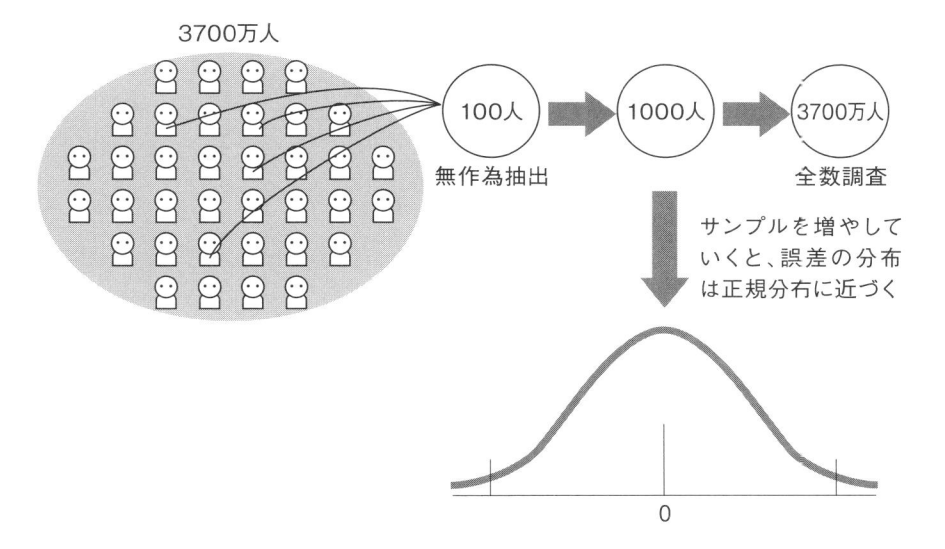

3700万人 → 100人(無作為抽出) → 1000人 → 3700万人(全数調査)

サンプルを増やしていくと、誤差の分布は正規分布に近づく

● サンプリング調査のサンプル数の決め方(例)

サンプル数		n=300	n=500	n=700	n=1,000
銘柄使用者の比率(予想)	A 45%	2.9	2.2	1.9	1.6
	B 20%	2.3	1.8	1.5	1.3
	C 10%	1.7	1.3	0.1	0.8
概算費用(円)		150万	200万	300万	500万

※最も低いと予想される銘柄Cの使用率を10%と仮定して、
　誤差を±1.7%(8.3%〜11.7%)まで許すなら、300サンプルで150万円で調査可能。
　誤差を±0.8%と厳しくすれば、1000サンプル必要で500万円かかる

Section 24

より公平なサンプリングを実現する

多段抽出という考え方

ランダム性を確保するうえで、多段抽出は効率的で現実的な方法。

●ランダム性を確保するために

サンプリング理論の考え方は、「無作為（ランダム）性」を確保するということでした。これは母集団を構成するすべての標本（対象）が抽出される確率（チャンス）が等しいことを意味します。具体例として、1200人いる会社の従業員を母集団として50サンプルをサンプリングすることを考えます。全員の番号カードをつくって大きな箱に入れ、よくかき混ぜて中から1枚、目を閉じて引き出したカードの番号の社員（社長かもしれない）を対象とします。この手続きを、さらに49回繰り返せば、ランダムサンプリングで50人の調査対象者が抽出できます。

ここで注意すべき点は、最初の試行（カードを引き出す行為）では、母集団全員が1200分の50、つまり24分の1の確率になっていることです。そこで、カードを引き出すたびに引き出したカードをまた箱の中に戻してかき混ぜ、その中から引き出すことでこの不平等を解決します（同じ番号が引き出されたら、その試行は無効とする）。

●効率的で現実的な調査方法

この例は、1か所に1200人全員がいることを前提としていましたから、50サンプルの対象を調査するのに困難はありません。ところが、日本全国の世帯を考えるとこのやり方では調査するのが非常にむずかしくなります。第一番目の対象が北海道に住んでいるのに二番目は沖縄、三番目は都心の高層マンションの最上階というようなことが起こります。これでは調査するのが容易ではありません。

そこで調査の効率を考え、日本全国なら500から1000世帯規模の地点を決め、地点ごとのサンプル数を割り付けておきます。そして、まず地点をランダムに選んで、選ばれた地点の中からランダムに世帯を選びます。これを二段抽出といいます。

最後の試行では1151分の1の確率になっていますが、

多段抽出は精度を落とさずに実査効率をよくする

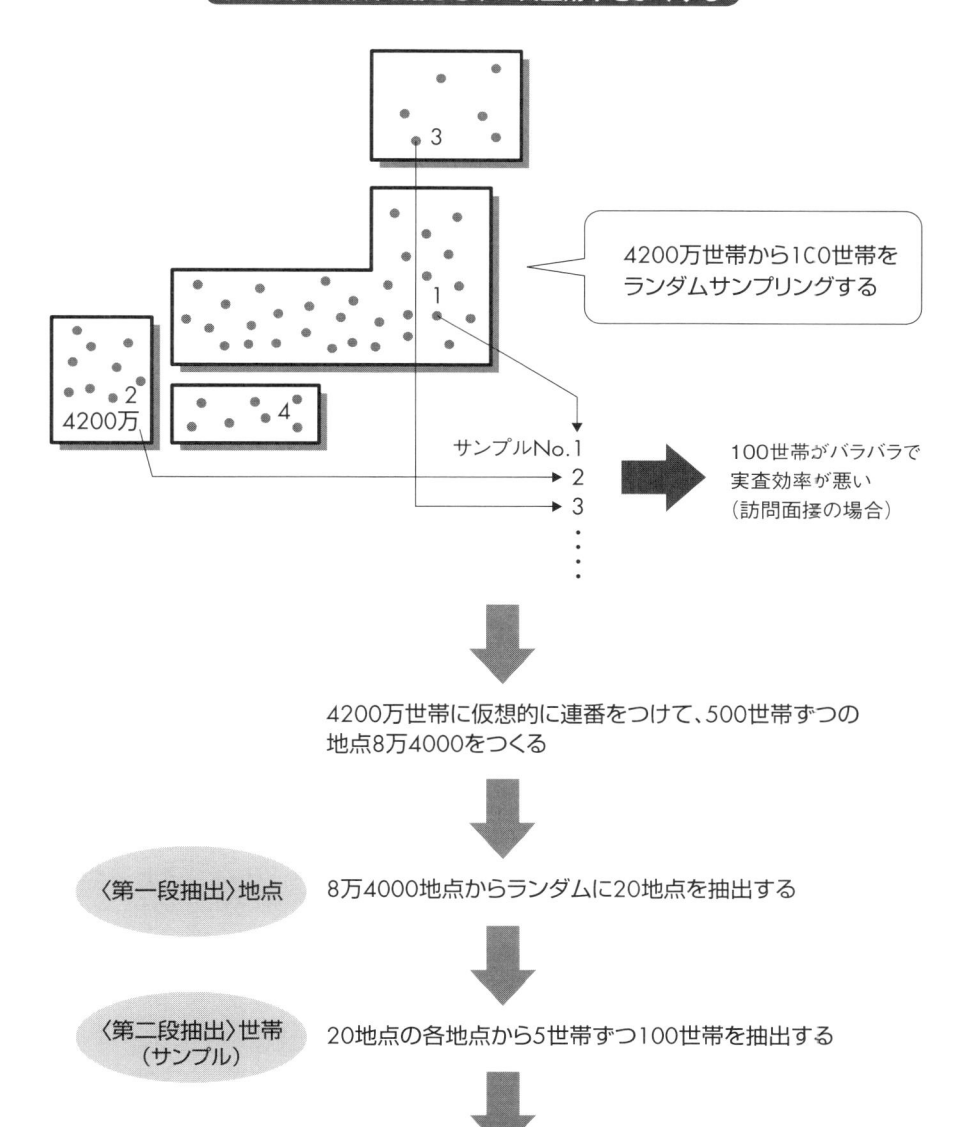

4200万世帯から100世帯を
ランダムサンプリングする

サンプルNo.1
2
3
⋮

100世帯がバラバラで
実査効率が悪い
（訪問面接の場合）

4200万世帯に仮想的に連番をつけて、500世帯ずつの
地点8万4000をつくる

〈第一段抽出〉地点　　8万4000地点からランダムに20地点を抽出する

〈第二段抽出〉世帯
（サンプル）　　20地点の各地点から5世帯ずつ100世帯を抽出する

こうすることで、地点内の5世帯は地理的には
それほど大きなバラつきはなくなる（同一町内）

Section 25 インターネット・リサーチのモニター名簿は応募でつくられる

モニター制と無作為抽出

モニター制は主催者とモニターの間に利害関係が生じやすい。モニター名簿は母集団名簿とすることはできない。

◉モニターの大半は募集による

インターネット・リサーチの抽出名簿は、リサーチモニター名簿になります。名簿とはいえ住民基本台帳のように紙になっていることはなく、電子的に記録・保存されているだけです。

モニター制は、新聞雑誌・テレビなどのマスコミを一般読者・視聴者が監視する制度として始まりました。偏りなくモニターしてもらうためには、読者・視聴者名簿の中からランダムサンプリングで依頼する必要がありますが、費用や個人情報の扱いの問題からほとんどが「募集」という方法を採っています。

企業でモニターというと自社製品、サービス・広告などを監視してもらい、意見を聞く制度となります。消費者に「厳正・中立な立場」から意見を言ってもらうのが本来の趣旨です。ランダムサンプリングではなく、募集しておねがいするという方法になります。モニターに採用されると、その会社の製品や広告をしょっちゅう使ったり見たりするので、その会社に好意をもつモニターが多くなります。

「自社モニター」を製品開発に役立てることもあります。新製品の開発過程でコンセプトやパッケージデザインのチェック、試飲・試食・試用をしてもらい、改善点を指摘してもらう方法です。

さらに、インターネットの自社ホームページ内やSNSにサイトを立ち上げて、消費者参加型の製品開発をすることもあります。モニター制よりもっと自由に消費者に参加してもらうために、ネット上の口コミサイトを活用することもあります。これをCGM（Consumer Generated Media）と呼びます。

◉募集では無作為抽出とはならない

自社モニターをリサーチの対象者として、その意見を集計してもリサーチとはいえません。モニターと依頼側に利害関係が生まれているからです。こういった企業モニターは無料ということ

モニター制にはリサーチのバイアスになる要素がある

リサーチモニターから除外される人
- 応募しない人（関心のない人）
- インターネット接続環境がない人
- インターネットを使わない人

→ 母集団名簿として歪んでいる

バイアス
- 募集での歪み（上記）
- 謝礼がインセンティブになる
- 慣れが生じる

インターネット・リサーチモニター

とはほとんどありません。意見を言うことへの謝礼は当然だし、しかも調査謝礼に比べて豪華だったり高額だったりするのが一般的です。自社製品のユーザーを大切にすることはマーケティング上当然ですが、これがモニターの評価や意見に偏り＝「バイアス」を生んでしまいます。リサーチは自社ユーザーも他社ユーザーも公平に扱うことが原則です。

インターネット・リサーチのモニターも、そのほとんどが募集形式で収集されています。リサーチモニターですから、個別企業や個別製品と利害関係はありません。調査の謝礼も高額ではないので偏りは少ないといえます。ただ、募集形式である限りランダムサンプルとはいえません。応募しない人、インターネットを使わない人はモニターになることはできないため、母集団名簿としては歪んでいるのです。

第3章　インターネット・リサーチの精度

Section 26

無回答バイアスには要注意

インターネット・リサーチのノンサンプリングエラー

サンプリング調査における誤差以外にも、ノンサンプリングエラーと呼ばれる、結果に歪みをもたらすものがある。

● リサーチには誤差がつきもの

サンプリング調査には誤差がつきものです。母集団に含まれる数多くの対象の中から標本（サンプル）を選び出し、選び出したサンプルだけを調査し、その集計結果を母集団全体の調査結果として扱うからです。こういった誤差を「サンプリングエラー」といいます。サンプリングエラーは統計理論によってきちんと計算され、一定の誤差範囲での「正しさ」が保証されます。

リサーチにおける誤差は、サンプリングによるものだけではありません。サンプリング理論に基づいて正しくサンプリングしただけでは防げない誤差があります。これらをまとめて、「ノンサンプリングエラー」といいます。

ノンサンプリングエラーで最大と考えられるのは「無回答バイアス」です（サンプリングエラーのように計算できる誤差と区別してバイアスというコトバを使います）。無回答とは調査拒否や不在によって生じるバイアスです。拒否や不在に対しては代替のサンプルを再抽出しますが、拒否や不在の人にある傾向があると結果が歪んできます。

● 無回答や関心の濃淡が結果に影響

インターネット・リサーチでは、サンプリングエラーよりも無回答バイアスに注意する必要があります。インターネット・リサーチに調査拒否はありませんが、関心の薄い調査テーマには回答しなかったり、逆に関心の強いテーマに肯定的な意見が反映されやすくなることが考えられます。

たとえば、「自家用車に関する調査」の中で電気自動車の将来性を訊く場合と、「地球環境に関する調査」の中で同じことを訊く場合とで結果が大きく違うことがあります。環境問題に関心があって、車に関心がない人は「自家用車に関する調査」に参加したがらないし、逆に車に関心の強い人は「地球環境に関する調査」はスルーするでしょう。その他として質問文のつくり方によるバイアス、対象者のウソによるバイアスなどがあります。

インターネット・リサーチではノンサンプリングエラーが重要

サンプリングエラー

- サンプル数が少ない→エラーは大きい
- サンプル数を増やす→全数調査にはサンプリングエラーはない
- 母集団内の分散が大きい→エラーは大きい
- 母集団内の分散が小さい→サンプル数は少なくてすむ

ノンサンプリングエラー

- 順序バイアス→地球環境保護の質問の後に電気自動車の質問をすると、評価が高くなる
- 回答肢バイアス→最初の項目や最後の項目は選ばれやすい

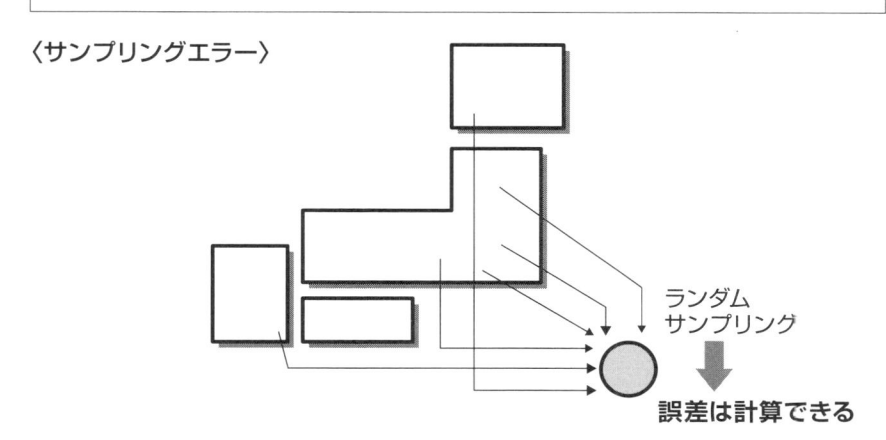

〈サンプリングエラー〉

ランダムサンプリング
↓
誤差は計算できる

〈ノンサンプリングエラー〉

調査拒否

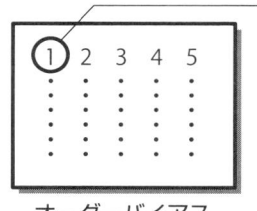

オーダーバイアス

最初に読んだものに○印
↓
誤差は計算しようがない

第3章 インターネット・リサーチの精度

Section 27

傾向を知り対策を取っておく

インターネット・リサーチモニターの態度

インターネット・リサーチモニターの協力姿勢は強い。あとは「まじめ」に回答してもらえる工夫をする。

●モニターの協力が前提

サンプリングによって選ばれた調査対象は、選ばれたことも知らないし調査に協力するつもりもありません。調査員が訪ねてきたり電話がかかってきて、はじめて対象になったことを知り、調査の主旨を説明されて協力（回答）を要請されるのです。ここから調査拒否や不在での「無回答バイアス」（前項参照）が発生します。

インターネット・リサーチのモニターは、モニターに申し込んだり許諾した段階で調査の依頼がくることを予想しているので、基本的に調査拒否はありません。

主催者側も調査依頼ではなく、回答者募集を行っていることになります。モニターが「こんな調査には協力できない」と思えば返信しないだけで、わざわざ「協力できません」と返信する人もいません。このようにシステム上も調査拒否は発生しません。

●いいかげんな回答への対策が必要

このようにサンプリングされた対象者とリサーチモニターでは違いがありますが、共通することもあります。

それは、「ふだんは考えてもみなかったことを突然、尋ねられる」ということです。そこから、いいかげんな回答をする可能性が出てきます。5段階評価なら真ん中に回答が偏ったり、常識的な選択肢が選ばれたり、「その他」を選ぶと「具体的に書いてください」とフォローが入るので「なし」にしておく、同じようにオープンアンサー（自由に記入してもらう回答欄）は「とくになし」で埋めてしまうなどです。こういったことには質問文や調査票のレイアウトを工夫することで対応します。

調査の回答者（対象者）には早く終わらせたいという気持ちもあります。早く終わらせて謝礼をもらいたいので前述のような回答態度を取ります。さらに、意識的にウソをつく対象者もいるので注意が必要です。

こういったモニターの基本的な態度を理解して対策を取る必要があります。

68

ランダムサンプリングの対象者とインターネット・リサーチモニターの違い

●ランダムサンプリングの対象者

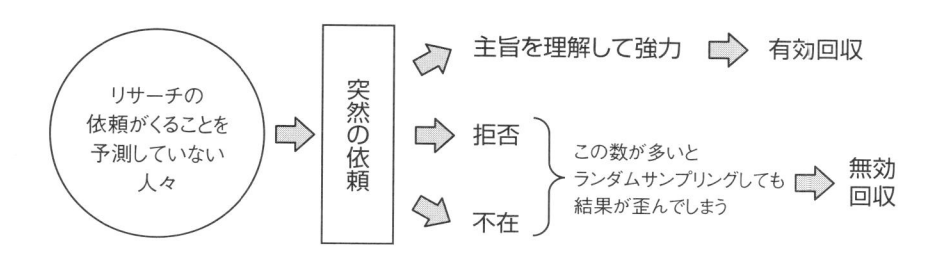

リサーチの依頼がくることを予測していない人々 ⇨ 突然の依頼 ⇨
- 主旨を理解して強力 ⇨ 有効回収
- 拒否
- 不在

この数が多いとランダムサンプリングしても結果が歪んでしまう ⇨ 無効回収

●インターネット・リサーチモニター

リサーチの依頼がくることを承認、あるいは期待している人々
- ⇨ 依頼がくれば協力。拒否はない
- ⇨ 謝礼のポイントを集めるインセンティブが働く
- ⇨ 回答がいいかげんになる(機械との対話のため)
- ⇨ 最悪の場合はウソの回答をする

⇩ 対策 ⇩

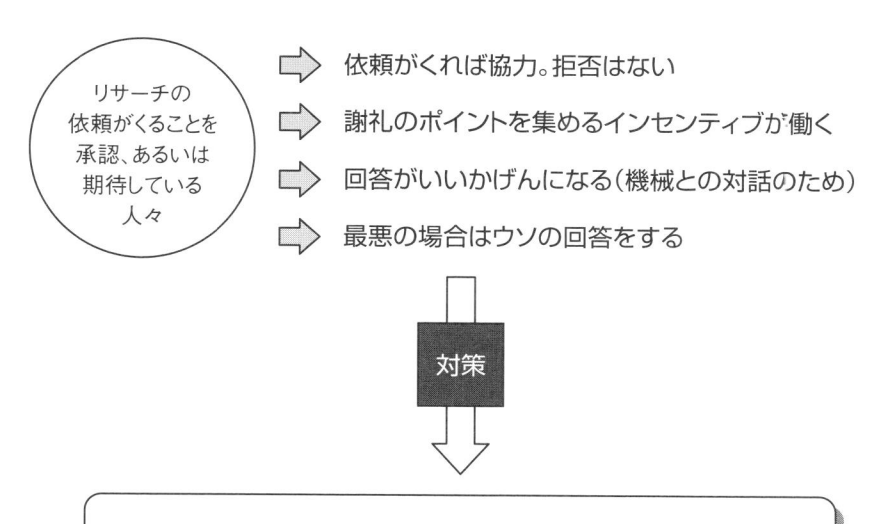

1. モニターの回答履歴を分析する

2. モニターを割り付ける(回答の早い人を優先しない)

3. ポイント制以外の謝礼システムを検討する

Section 28 アフターコーディングとエディティング

調査をさらに確実なものにするために

リサーチを行って調査票を回収した後、集計を正確かつ効率的に行うための作業がある。

●回収後に集計しやすくする作業

「アフターコーディング」とは、回収された調査票の回答項目にコード付けを行い集計しやすくする作業のことです。回答は選択肢としてあらかじめコード化されているのが普通ですが、事前にコード化できない場合があります。

たとえば、純粋想起の質問では事前にコード付けはできません。純粋想起とは、何の助けもなしに思い出せることなので何が回答されるかわかりません。助成想起（あらかじめ名前を挙げてその中から知っているものを選んでもらう）の場合も予想される回答すべてを事前にコード化できない場合があります。また、オープンアンサー（OA）といい、対象者に自由に記入してもらう）も回収後にコード付けを行います。

「エディティング」とは、回収された調査票の不足部分を補って完全票にする作業をいいます。アフターコーディングもエディティングの一工程といえます。回収された調査票の大部分は不完全票です。回答肢の番号に○印すべきなのにコトバや文章を○で囲んであるような場合、集計する人が集計ミスする怖れがあるので番号に○印を付け直します。

このように、わかりやすい不完全票のエディティングは簡単ですが、ある質問に無回答だった場合は、もう一度対象者に直接か調査員を通して面接（電話の場合も多い）して完全票にします。

●回収原票をみると思わぬ発見がある

エディティングは、正確な集計のために行いますが、隠れた目的と効果があります。それは、調査員の不正行為の発見です。調査員は現場では誰からも監視されていません。極端な場合は、自宅の机ですべての調査票をつくることも可能です。エディティングを注意深く行うことで、こういった不正行為が発見できます。エディティングを行っているというアナウンスが、調査員の不正の抑止効果にもなります。

エディティング（アフターコーディング）はリサーチセンスを磨く道具

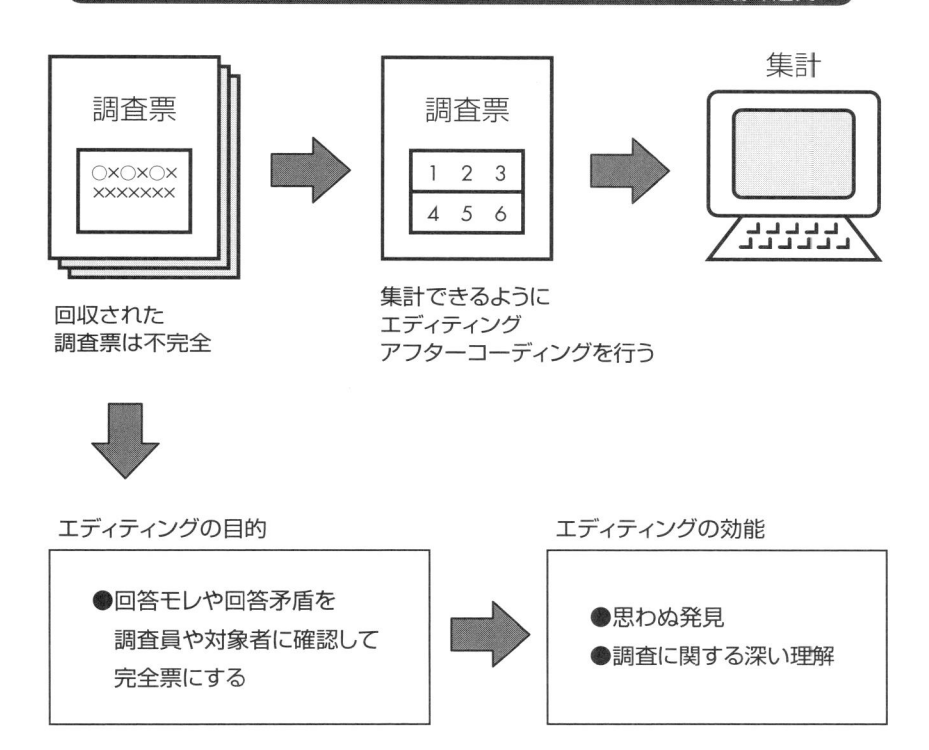

```
[調査票]  →  [調査票 123/456]  →  [集計]
回収された    集計できるように        
調査票は不完全  エディティング
              アフターコーディングを行う
```

エディティングの目的
- 回答モレや回答矛盾を調査員や対象者に確認して完全票にする

→

エディティングの効能
- 思わぬ発見
- 調査に関する深い理解

　もう一つの効果が、担当者の調査への理解が進んで分析に役立つことです。集計される以前のナマの調査票を見ることで新しい発見があったりします。たとえば、異常に購入量が多い調査票のエディティング作業で当該商品の意外な使い方が発見できたということがあります。このように、個別対象者のイメージが思い浮かぶと集計データを見る視点が変わってきます。

　インターネット・リサーチでは、対象者個別の回答票がないのが普通です。あっても電子データなので、対象者個別のイメージが浮かぶようなものではありません。回答間違いや分岐の間違い、論理矛盾もコンピュータ上で修正されるので、対象者が間違った不完全な調査票を返信することもありません。さらに、対象者の不正行為が疑われたら、集計から外してほかのサンプルと入れ替えればよいのです。

第3章　インターネット・リサーチの精度

Section 29

調査慣れと謝礼

調査結果に影響が出ることもある

インターネット・リサーチのモニター制は、対象者に調査慣れを起こすことがあがりがち。また、謝礼が調査慣れの弊害を助長する場合もある。

● モニター制は調査慣れを起こしやすい

母集団が大きければ、たとえば20歳代の女性（広告業界でF1と呼ばれる）であれば数百万人の単位ですから、1000人をランダムサンプリングしても選ばれる確率は小さくなります。当然、同じ人が続けてサンプリングされる確率はさらに小さくなります。これで対象者の調査慣れが防げます。

一方、インターネット・リサーチは積極的に調査に協力したいという人たちを集めたリサーチモニター名簿から調査依頼します。依頼というより参加応募です。しかもモニター名簿からランダムに選んで配信（調査依頼のメールを流す）されることもなく、一斉配信して設定数の返信があった時点で締切という方法が採られる場合が多く、ほぼオープン懸賞（誰でも応募できるという意味）への応募ということになります。

ここで、同一の対象者が短期間で複数回調査に回答するということが起こります。ランダムサンプリングでは起こり得ないことです。これで対象者の一覧を見ることで銘柄名を憶えてし

調査慣れが発生します。人が何かに慣れることは、ある課題をこなすのに有利に働くと考えるのが一般的です。リサーチへの回答では質問文の表現に慣れて誤解が少ない、回答の分岐や論理性の理解も進んで正確な回答が短時間でできるなどの有利な点があります。

● 調査慣れには弊害のほうが大きい

一方で慣れることは新鮮さが失われ、前回の行動の繰り返しになる危険もあります。リサーチでは、繰り返して同じような回答をするほか、リサーチ主催者側の意図や意向を考慮するようになる弊害もあります。たとえば、製品評価の質問で「この部分が好きだと言ってもらいたいのではないか」と考えて、それにそった回答をしてしまうというようなことが起こります。

最も大きな弊害は対象者が学習してしまうことです。ある商品の想起銘柄の一覧を見ることで銘柄名を憶えてし

72

調査慣れは悪い面だけではない

調査慣れの利点

- 質問文に慣れて理解が速くなる、誤解が少なくなる
- 回答時間が短くてすむ

調査慣れの問題点

- 回答がいいかげんになる
- 調査主体の意図を勘案した回答になる
- 何回も解答しているうちに学習してしまう（ブランド名やCM）

まい、次回の調査時にその記憶が銘柄想起を助けてしまいます。さらに、調査に回答したことで、その商品ジャンルへの関心が高まって、CMを見ているときやスーパーに行ったときに自然に注視するようになって記憶や知識が増えてしまいます。

こういったことを謝礼が助長している場合があります。調査の謝礼は回答という作業への「対価」とは考えません。対象者を平等に扱うためです。対象者の地位や収入に合わせて、収入の多い人にはたくさん謝礼を渡すなどと決めるのは不可能だし、回収に偏りが生じます。謝礼はあくまでも感謝の気持ちの表現です。しかしインターネット・リサーチでは、モニターがこの謝礼のために回答するという現象が起きます。ポイント制の謝礼ではとくにこの傾向が助長されます。この問題の解決はむずかしいようです。

Section 30

モニターの質を保持するために

インターネット・リサーチモニターの管理

インターネット・リサーチのモニターの品質管理は、モニターの個別管理、属性項目の充実とアップデートが重要。

うな方法で100万人単位のモニター数を誇るリサーチ会社もあり、モニターの数では問題がありません（初期のインターネット・リサーチには、モニター数が少ない、モニターがIT系の参加のチャンスが増えて、それだけ謝礼（ポイント）がたくさんもらえることになります。これを多重登録といいます。「なりすまし」はデータそのものにウソがあるので、モニター名簿の管理で厳しくチェックします。多重登録は1社だけでは解決できないし、データそのものにはウソがないので、それほど厳しくチェックはしません。

●名簿は年1回はアップデートする

モニター名簿の質を保持するためには、モニターの属性項目の充実とそのアップデートが必要です。属性項目では、デモグラフィック特性とあわせて商品所有状況、趣味や嗜好などが重要です。そして、これらを年1回はアップデートする必要があります。

インターネット・リサーチ会社は多数ありますから、複数のリサーチ会社に登録しておくことでリサーチ参加のチャンスが増えて、それだけ謝礼（ポイント）がたくさんもらえることになります。

また、インターネット・リサーチ会社は多数ありますから、複数のリサーチ会社に登録しておくことでリサーチ参加のチャンスが増えて、それだけ謝礼（ポイント）がたくさんもらえることになります。

ことになります。

インターネット・リサーチのモニターは、ネット上で募集する場合と、すでにあるサイトの会員にモニターになる許諾（パーミッション）を取ってモニターにする場合があります。このよ

●匿名性がなりすましの原因に

インターネットの特性として匿名性があります。リサーチモニターも匿名性が重視されていますが、これが「なりすまし」の原因にもなっています。なりすましとは、男性なのにリサーチモニターに女性として登録して調査に回答するというような現象です。性別だけではなくあらゆる年齢、居住地域、職業などもあらゆることで「なりすまし」ことは可能です。メールアドレスを多数取得していろいろな人物になりすませば、多数のリサーチに参加することができ、謝礼（ポイント）がたくさんもらえる

74

インターネット・リサーチモニターは常にアップデートする

インターネット・リサーチモニターの条件

- モニターとリサーチ会社との間でパーミッションが取れている
- メールアドレス以外の個人特性情報がある
  （住所、氏名以外の性別、年齢、職業、居住地、未既婚、家族構成、年収、他）
- 二重登録、なりすましの定期的なチェックを行っている
- 回答非協力者のスクリーニングを行っている
- 調査参加回数をモニターしている
- 新規モニターを定期的に採用している
- 属性のチェックを定期的に行っている（未既婚や収入の変化）

モニター側からみたインターネット・リサーチモニターの条件

- 匿名性が保証される
- 一定回数以上のリサーチ依頼がくる
- 謝礼が多い

インターネット・リサーチモニターの属性

- デモグラフィック特性（性別、年齢、居住地など）
- 主要商品の所有状況、所有ブランド（車、電話、PC、家電、化粧品、他）
- ライフステージ（単身、既婚、子育て中、子供独立、他）

Internet Research

4章 インターネット・リサーチの設計

- Section31　マーケティングテーマの整理
- Section32　リサーチテーマ化する
- Section33　背景分析
- Section34　仮説構築
- Section35　調査目的の明確化
- Section36　調査方法の検討
- Section37　調査対象・調査項目を決める
- Section38　調査日程・サンプル数・予算の検討
- Section39　集計計画の立て方
- Section40　企画書の書き方

Section 31

リサーチテーマと4Pの関連は
マーケティングテーマの整理

マーケティング・リサーチを始めるにあたって、その背景や4Pの各要素との関係など、マーケティングテーマにまでさかのぼって検討するようにする。

●まず、リサーチの位置付けの理解を

マーケティング・リサーチの設計にあたって、リサーチの背景を考えることが重要です。リサーチが必要になったプロセスを、マーケティングテーマにまでさかのぼって検討することです。

それにより、そのリサーチがマーケティングプロセスのどの部分に位置づけられ、マーケティングミックスのどのパートのことなのかが理解できます。

これをしておかないと、リサーチ設計や分析結果がマーケティング上、役に立たなくなる危険が大きくなります。

●4Pの要素それぞれとの関係を見る

マーケティングは4Pといわれる四つの部分で構成されます（12項参照）。リサーチテーマは4Pの中の一つだけが問題であるかのような提出のされ方をすることがありますが、4Pは相互に関連し合っています。この関連付けを整理します。たとえば、「末端価格が値崩れしている。なんとかしたい」というテーマが出されたとします。ここで、いきなり店頭価格調査をするという提案をしてもいいのですが、値崩れという現象を自社のマーケティングテーマとして整理してみるのです。

値崩れはP（Price）の問題ですが、P（Product）＝製品との関係を考えます。製品そのものに何らかの問題がないかを検討します。自社製品が飽きられた、他社が新しいコンセプトの新製品を出した、あるいは消費者の節約指向などのことを考えてみます。

次のP（Place）＝場所も考えてみます。店頭価格といってもスーパー、コンビニ、通販ではそれぞれ違うはずです。さらに最後のP（Promotion）＝プロモーションについては、他社を含めて最近のCMや懸賞などのキャンペーンとの関係がないかを考えます。

ここまで考えれば、値崩れという現象の原因の仮説ができ上がってきます。単純な値崩れも、製品、店頭、プロモーションの各要素が複雑に絡み合っています。それぞれの関係を解き明かすのがリサーチの仕事です。

マーケティングテーマは 4P の関係性を考えることで整理できる

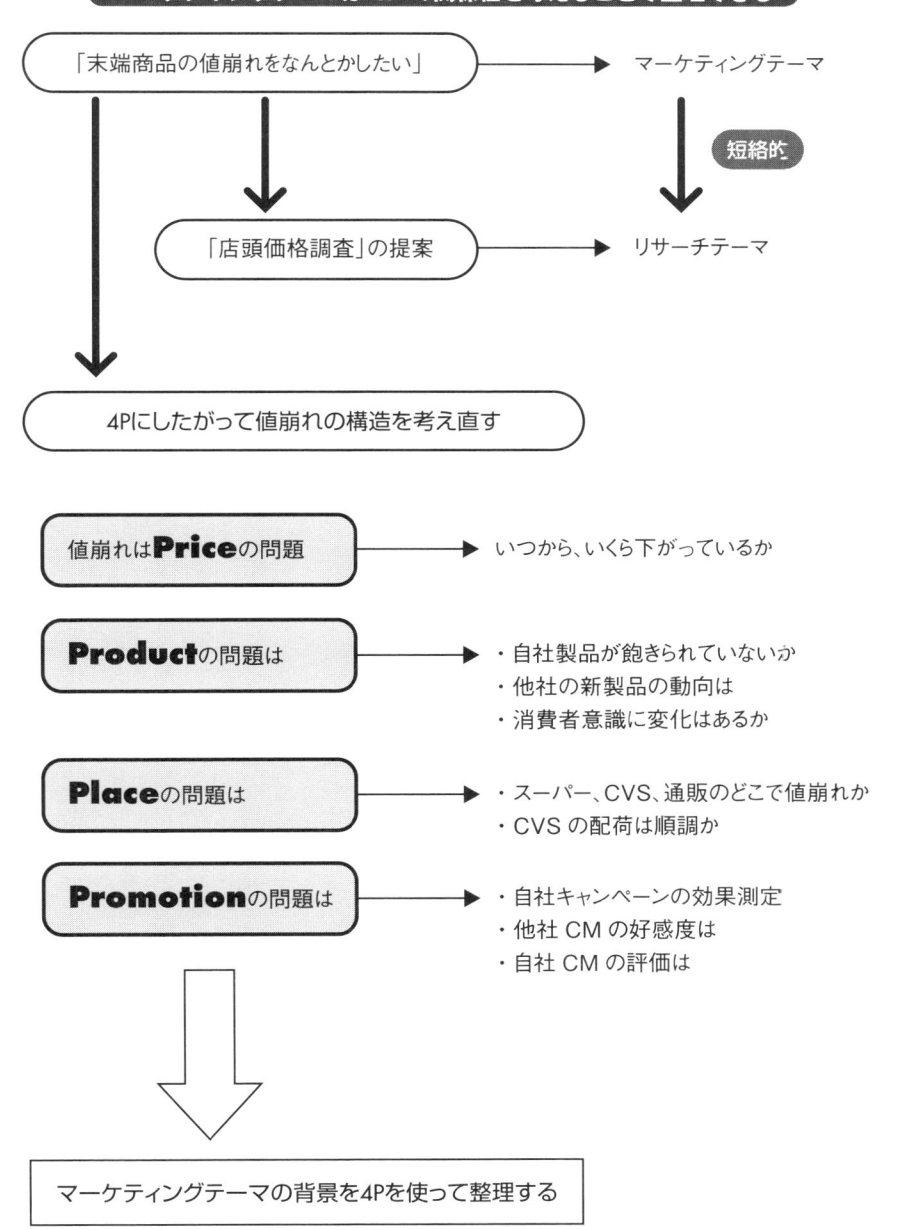

「末端商品の値崩れをなんとかしたい」 → マーケティングテーマ

↓（短絡的）

「店頭価格調査」の提案 → リサーチテーマ

↓

4Pにしたがって値崩れの構造を考え直す

- 値崩れは **Price** の問題 → いつから、いくら下がっているか

- **Product** の問題は →
  - 自社製品が飽きられていないか
  - 他社の新製品の動向は
  - 消費者意識に変化はあるか

- **Place** の問題は →
  - スーパー、CVS、通販のどこで値崩れか
  - CVS の配荷は順調か

- **Promotion** の問題は →
  - 自社キャンペーンの効果測定
  - 他社 CM の好感度は
  - 自社 CM の評価は

⬇

マーケティングテーマの背景を4Pを使って整理する

Section 32

マーケティングテーマをリサーチのテーマに変換する
リサーチテーマ化する

リサーチの設計の前に、まず与えられたマーケティングテーマをリサーチテーマに変換し、どのようなリサーチ方法がよいかを判断することが大切。

● リサーチすべきテーマかを判断する

マーケティングテーマは、そのままでリサーチの設計ができるように提出されることはありません。これをリサーチのテーマに変換するのがリサーチャーの仕事で、リサーチの設計にとって重要なポイントになります。リサーチテーマ化とは、リサーチにふさわしいか、どのようなリサーチ方法がよいか、の二つの判断のことです。

マーケティングは、製品・サービスの生産から流通、販売、消費にいたるまでの複合的なプロセスです。たくさんの要因が絡み合っています。そうした中から出てくるマーケティングテーマすべてに対応できるほど、マーケティング・リサーチは万能ではありません。

たとえば、エアコンの生産計画を立てるにあたって「来夏が暑いか冷夏になるか判断したい」というマネジャーからのテーマは、一見してリサーチのテーマにならないとわかります。ただ、ここで「テーマではありません」とするのではなく、夏を7、8月とするか9月まで含めるか、暑い夏と冷夏の判断基準を平均気温にするか、真夏日（最高気温30度以上の日）の日数にするか、地域は北海道を含めるかなどの問題点を整理し、気象庁の長期予報か気象会社の予測を買うなど手段の提案までするのがリサーチャーの仕事です。

● さらにテーマを読み替える

同時に、「来夏はどんなエアコンが売れるかを知りたい」というテーマは明らかにリサーチのテーマですが、このままではリサーチの設計にまで持ち込めません。「エアコンの来夏の消費者ニーズを知る」と読み替えて、消費者ニーズを構成する要素に分解します。

エアコンのタイプ、冷房機能、省電力機能、付加機能、価格帯、アフターサービス、デザインなど項目別に消費者の意向をリサーチすればよいことがわかります。方法として、データ収集よりもどのように分析するか、この場合ならコンジョイント分析（図表参照）などが提案できます。

リサーチにふさわしい内容と最適なリサーチ方法を提案する

「来夏のエアコン市場に関して、暑い夏になるかどうかと
どんなタイプのエアコンが売れそうかを知りたい」

「暑い夏かどうか」は
マーケティング・リサーチのテーマにはならない

⬇

リサーチャーにできること

- ●二次データ収集の提案
  - ・気象庁の予報(無料)
  - ・気象会社のレポート(有料)
- ●暑い夏の定義の検討
  - ・平均気温か真夏日日数で判断するか
  - ・地域別をどこまで細かく見るか

「どんなタイプのエアコンが売れそうか」

▼ 読み替え

「来夏のエアコンの消費者ニーズを探る」 ⇒ リサーチテーマ化

消費者ニーズの構成要素

- ・エアコンタイプ
- ・冷房機能
- ・省電力機能
- ・自動洗浄機能
- ・付加機能
- ・デザイン
- ・アフターサービス
- ・価格帯

⇒ コンジョイント分析の提案

商品・サービスのいくつもの要素のうち、ユーザーがどれに重点を置いているかと、ユーザーに最も好まれる要素の組合せを探る統計的手法

Section 33

リサーチャーがマーケターの視点をもつ
背景分析

リサーチの背景分析は、関連メンバーの共通理解を得るためと、設計・実施・分析の段階で目的がブレないようにするために行う。

●三つの視点がポイントになる

リサーチが必要になる状況には複雑な背景があります。リサーチを依頼する側はそれらの背景・事情はよく理解しているはずですが、リサーチャーにまで共通理解が及んでいる保証はありません。そこで、リサーチに関連するメンバーの共通理解を得るためと、設計・実施・分析の段階で目的がブレないためにも、リサーチャーは「背景」の分析を行います。

背景分析は、市場の実態と自社の置かれたポジション、今回のマーケティング目標の三つの視点で行われます。

●市場の見直しが基本

市場の実態とは、市場規模、成長性、競合関係が基本です。自社が参入している市場であれば知っていて当然の数値も改めて検証しておきます。ここで消費者の立場に立って市場を眺めることが大事です。消費者視点に立てば、意外な商品ジャンルが自社ジャンルと競合関係だったり、相互補完関係であったりという発見があります。

自社のポジションはシェアのトレンドを見ることでわかります。さらに製品ごとにどこと競合しているか、価格帯ではどうか、流通ではどうかと、ここでも4Pに注目して分析していきます。そして、リサーチの背景として、自社のポジショニングをどう変更しようとしているのか守ろうとしているのかの感触をつかみます。これが今回のマーケティング目標は何かということになります。もちろん、ポジショニングの変更だけではなく、新製品の開発や消費者ニーズの探索など、マーケティング目標はその時々で決まります。

以上のように、背景分析はリサーチャーがマーケターの視点をもって市場を見直すということになります。ただ、どんなリサーチにも背景分析が必要ということではありません。毎年、定期的にほぼ同じ内容で実施しているような調査や、キャンペーンの効果を大至急知りたいというような場合は、背景分析は必要ではありません。

背景分析は関連メンバーの共通理解のためにも大切

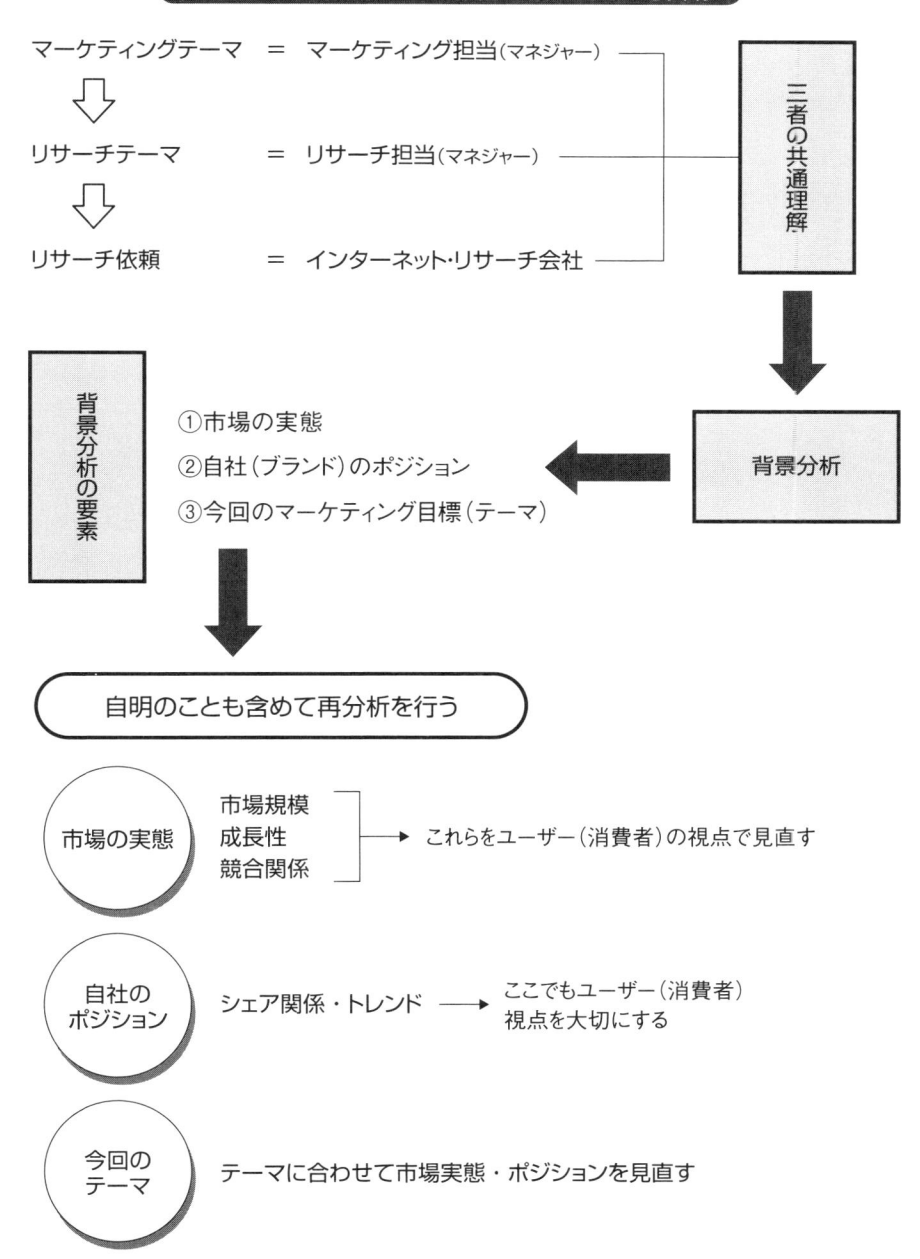

マーケティングテーマ ＝ マーケティング担当（マネジャー）─┐
　　⇩　　　　　　　　　　　　　　　　　　　　　　　　　│
リサーチテーマ　　　 ＝ リサーチ担当（マネジャー）　　　├─ 三者の共通理解
　　⇩　　　　　　　　　　　　　　　　　　　　　　　　　│
リサーチ依頼　　　　 ＝ インターネット・リサーチ会社　　─┘

　　　　　　　　　　　　　　　　　　　　　　　　　　　　　↓

背景分析の要素
①市場の実態
②自社（ブランド）のポジション　　　← 背景分析
③今回のマーケティング目標（テーマ）

　　⇩

自明のことも含めて再分析を行う

○市場の実態 ── 市場規模／成長性／競合関係 → これらをユーザー（消費者）の視点で見直す

○自社のポジション ── シェア関係・トレンド → ここでもユーザー（消費者）視点を大切にする

○今回のテーマ ── テーマに合わせて市場実態・ポジションを見直す

第4章　インターネット・リサーチの設計

Section 34

リサーチテーマ化が第一歩
仮説構築

リサーチの基本は仮説検証型。仮説づくりがあやふやだと結果は期待できない。

●大きな仮説と小さな仮説

インターネット・リサーチを設計するにあたって「仮説」をつくることが大切です。マーケティング・リサーチは、基本的には仮説をつくり、それをデータで検証するというプロセスを取ります。仮説もつくらず闇雲にデータを集めても、有効な結果は得られません。

仮説構築はマーケティングテーマを整理し、リサーチテーマ化するプロセスから始まっています（31、32項参照）。

仮説には大きな仮説と小さな仮説といえるものがあります。大きな仮説は背景分析（前項参照）そのもので、リサーチの課題が出てきた市場の現状と自社のポジションを既存のデータで確認することです。小さな仮説とは、そのまま調査目的とできるような仮説のことで、できれば質問文が想定できるまで具体的なものにすべきです。

データで検証するというプロセスを取ります。仮説もつくらず闇雲にデータを集めても、有効な結果は得られません。具体的に行います。この段階で抽象的な仮説しかできないということは、大きな仮説づくりに失敗していることになります。もう一度マーケティングテーマを整理し、背景分析をやり直す必要があります。

仮説は厳密につくる必要があります が、厳密すぎると仮説に縛られてデータ分析の結果が「狭くつまらない」ものになる危険があります。その兼ね合いは何回かリサーチを設計・分析することで身に付ける以外にありません。

また、仮説を立てずにリサーチする場合もあります。「探索的」に課題を探していく方法です。ニーズ探索などが典型です。仮説的にニーズを挙げて受容度を検証するのではなく、当該ジャンル全体の生活行動をリサーチする場合などがあります。

●仮説は厳密に、しかし厳密すぎずに

リサーチテーマが提示されたら、そのマーケティング的意味や背景分析によって課題を広げて考えます。これが大きな仮説づくりです。次に、リサーチの具体的な目的や質問文にまで絞り

仮説はそのまま質問文にすることを考えながら構築する

大きな仮説

- マーケティングテーマの再分析
- リサーチテーマの背景分析

⇒ このままでは質問文にならない場合が多い

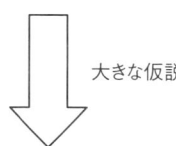

↓ 大きな仮説の分解作業

小さな仮説

- リサーチの目的を箇条書きにする
- 明らかにするポイントを書き出す

⇒ 質問文にできることを前提にする

〈例〉

「市場の構造的な変化が起っている」 ＝ 大きな仮説

↓ 分解

- 購入者が減少している
- 購入者あたりの購入量が減少している
- 新市場である○○と競合するようになった
- 競合A社の新製品攻勢が影響している

＝ 小さな仮説

↓ 質問文

- あなたは△△を購入しましたか。昨年は購入しましたか
- あなたは△△の購入個数は昨年に比べて増えましたか、減りましたか、変わりませんか
- あなたは○○を購入しましたか。○○をどうのように使いましたか
- あなたは□□を購入しましたか

探索的なリサーチ

とくに仮説を設けないでリサーチする
- ニーズ探索調査
- データマイニング

Section 35

一番知りたいことを絞り込んでみる
調査目的の明確化

調査目的が曖昧なままでは、的確な調査票・質問文がつくれないし、きちんとした分析もできない。質問文づくりの前に知りたいことを絞り込んでおく。

● 目的が明確でないと混乱が生じる

インターネット・リサーチを設計するとき、調査目的を明確にしておくことが大切です。調査目的が曖昧なままでは的確な調査票・質問文がつくれないし、正しい分析もできません。それだけでなく、漠然とした目的で調査設計を始めると、直接関係のないテーマ（質問）でも「これも訊いておくか」という発想になって、調査票や分析結果が混乱してしまいます。

● 調査目的明確化の三つのステップ

調査目的を明確にするために、当該のリサーチで「一番知りたいことは何か」目的を一つに絞り込んでみることです。こう考えることでリサーチの全体像が見えてくるとともに、なにもかもわかるわけではないというリサーチの限界もわかってきます。結果として目的が一つに絞り込めずに、二つ目の目的があっても三つになっても仕方がない場合もあります。ただし、三つ以上になったら、目的をもう一度考え直してみる必要があります。

次に、一番知りたい項目を先頭に置いて、知りたいことを箇条書きに羅列してみます。箇条書きにできないような知りたいことは、リサーチで知ることができない項目である場合が多いので注意が必要です。さらに、同じような知りたいことを知りたがっていないか、全体の中で「浮いた」項目はないかをチェックします。

最後に、箇条書きされた各項目のターゲットを考えます。誰に訊けば知りたいことがわかるか、リサーチの対象者＝回答者を考えます。これで、各項目とも一つのターゲットで一致していれば調査票の設計に入ります。違っていたら、知りたいことを再検討します。

ペットフードの調査で味の評価を知りたいとなれば、ターゲットは犬、猫になるので「おかしい」とすぐ気づきますが、大学受験の塾の調査で、世帯年収や教育費の割合を知りたければ、ターゲットは受験生本人より世帯主か家計支持者となります。

調査目的に優先順位を付ける

●調査目的

> ① ○○の売上ダウンはターゲットの健康意識の高まりが原因かどうかを検証する

> ② 当該市場の価格動向をチェックする

> ③ 2か月前からオンエアされているCMの評価を取る

> ④ 店頭キャンペーンの効果を知りたい

> ⑤ ネット通販の動向を知りたい

> ⑥ 最近の経済情勢の影響を知りたい

⇩

> この中の一つか二つに絞り込めなかったら目的を再考する
> 同様に、リサーチではむずかしく、ふさわしくない項目をチェックする

●調査目的と調査ターゲット(対象者)の適合性を考える

・個人に訊くのか、世帯単位か(主婦か世帯主か)

・購入者か使用者か(紙オムツは、赤ちゃんではなく母親に訊く)

・担当者か決裁者か(PCの機種を決めるのは現場か上司か)

Section 36

調査目的との関係性を理解する

調査方法の検討

調査目的によって、定量調査がよいか定性調査がよいかを判断する。インターネット・リサーチは定量調査が得意。

●どんな調査方法なら目的にかなうか

インターネット・リサーチを「調査データを収集するときの媒体としてインターネットを使うマーケティング・リサーチ」と定義しました（1項参照）。

その設計をしているわけですから、方法はネット・リサーチしかないのですが、ここで視野を広くして他の調査方法を検討します。そうすることで、調査目的と方法論の関係性が理解できます。

調査方法の検討で重要なことは、調査目的が数値で結果を出すことか数値では表現しづらい結果を目指しているのかを判断することです。そこで、調査目的の中で「一番知りたいこと」に注目します（前項参照）。これが数値で表したり比較することができることなのか、印象や評価をコトバで表すのが適切なのかを判断します。

たとえば、調査対象者（回答者）は、購入回数、購入量、金額などは何回、何個、いくらなどと求められたら、数値で答えられます。一方、「その製品のどこがどのように好きですか」という質問は回答を数値で求めていないし、回答者も「3の部分が50くらい好き」と答える人はいません。一番知りたい調査目的が前者であれば定量調査、後者であれば定性調査を採用します。

●ネット・リサーチは定量調査が得意

ただ、インターネット・リサーチは定量調査を得意とするため、調査目的が後者の場合は、好きな程度を5、あるいは7段階で回答させ、想定できる要素を列挙して数値で回答してもらい、数値で集計するという方法を採ることもあります。これは製品評価に関する評価要素と評価基準がしっかりできている場合に限られます。

要素や基準そのものを知りたいという調査目的の場合は、定性調査が優れています。それは、回答者が会話で回答できるからです。双方向性と臨機応変な質問、回答によって「新しい」事実の発見が期待できます。インターネット・リサーチは直接会話はできませんが、双方向性は確保できます。

結果を数値で求めるかコトバで求めるかをまず考える

●定量調査

> ●回答を数値で求めることができる
> - あなたは○○が好きですか嫌いですか（0 か 1）
> - あなたは何回くらい買いましたか（0 から∞）
>
> ●回答を数値で集計して、合計、平均値、再頻値などが算出できる

●定性調査

> ●回答をコトバで求められるが、数値では表現しづらい
> - あなたは○○に関して、どこがどのように好きですか
> （数値で求めるには、「どこ」と「どのように」をすべて羅列する必要がある）
>
> ●回答をコトバで分析してコトバで報告する
>
> ●想定項目を設定し段階評価させることができる
> - あなたは○○に関して、以下の項目でそれぞれどれくらい好きですか

→ 定量的処理

	非常に好き 5	好き 4	どちらでもない 3	嫌い 2	非常に嫌い 1
パッケージの ベースの色					
ロゴデザイン					
ネーミング					

Section 37

調査設計の全体像がより理解しやすくなる

調査項目・調査対象を決める

大規模な調査では、調査目的と調査項目の一覧表をつくって、全体構成と調査対象をチェックする。

●調査目的から調査項目の一覧を

インターネット・リサーチの設計のとき、一番知りたいことを第一番目にして調査目的を箇条書きにすることを学びました（35項参照）。さらに箇条書きごとに調査ターゲットを表示して目的とターゲットの一覧（集計でいうクロス表に似たもの）をつくり、ターゲットが重なっているかのチェックまで進みました。ここで、調査票作成に進んでもいいのですが、調査目的から調査項目の一覧をつくると調査設計の全体像がより理解しやすくなります。

まず、箇条書きされた調査目的ごとに調査項目を列挙します。そして調査項目を見てみると、同じような項目があることに気づくはずです。それぞれ調査目的は別ですが、調査する項目は同じという場合が多いのです。調査項目を並べて似た者同士を集めます（こういった作業をクラスタリングともいいます）。ほぼ同じ質問文になると予想される項目は、まとめて一つの項目として整理します。

●各調査項目の重要度を判断する

並べ直した調査項目を下にして上に調査目的を置き、関連するものを線で結んでみます。結ばれる線が多いほど重要な調査項目ですから、質問文づくりには工夫が必要になります。逆に1本線でしか結ばれていない目的と項目があったら、調査全体から見て重要度を再検討します。調査目的でない場合が多ければ削除な目的や項目でない場合が多ければ削除を検討します。ただ、それが目的の中で、一番知りたいことであれば、調査項目一つだけでわかるのかどうかを考え、調査項目を増やす方向で検討します。

できたら、調査項目と目的の間に中間的な調査項目を置いてみると3段階の構造ができます（ラダリング分析と同じ）大規模な調査では、設計段階でこうした工夫が必要です。

最後に各項目別に最適な調査対象者は誰かを考えて、すべての項目に回答者としてふさわしい対象がモレないように注意して調査対象を決めます。

90

調査項目の構造をしっかりと把握する

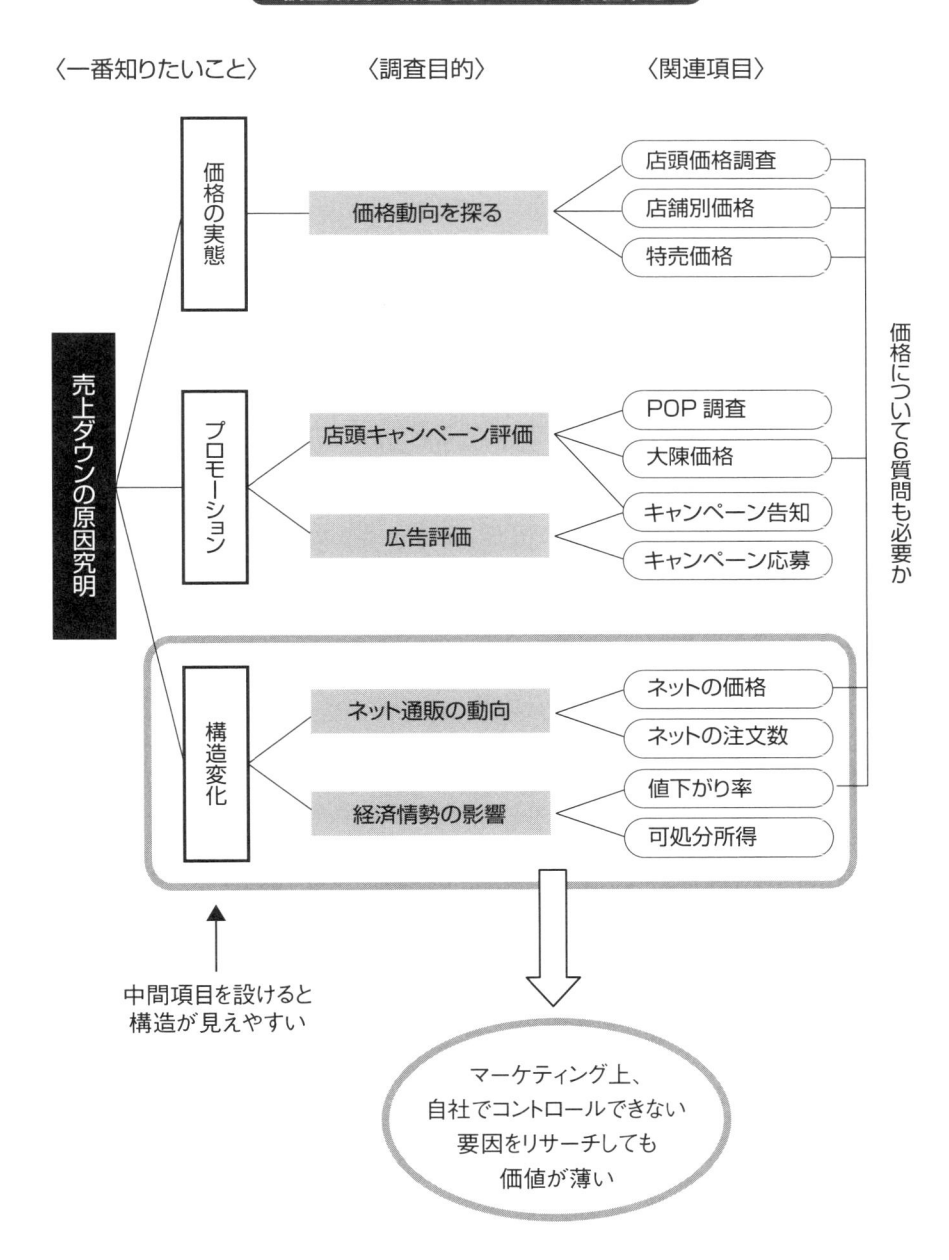

〈一番知りたいこと〉　〈調査目的〉　〈関連項目〉

売上ダウンの原因究明
- 価格の実態
  - 価格動向を探る
    - 店頭価格調査
    - 店舗別価格
    - 特売価格
- プロモーション
  - 店頭キャンペーン評価
    - POP調査
    - 大陳価格
  - 広告評価
    - キャンペーン告知
    - キャンペーン応募
- 構造変化
  - ネット通販の動向
    - ネットの価格
    - ネットの注文数
  - 経済情勢の影響
    - 値下がり率
    - 可処分所得

価格について6質問も必要か

中間項目を設けると構造が見えやすい

マーケティング上、自社でコントロールできない要因をリサーチしても価値が薄い

Section 38

調査を実施するための実務的なポイント
調査日程・サンプル数・予算の検討

実際に調査を行うためには、具体的な調査日程を決め、一番知りたいことの回答者数を予想してサンプル数を決め、さらに予算を検討する。

●余裕をもった調査日程を立てる

すべての仕事は日程にしたがって行われます。一つの仕事が単独で存在することはなく、社内の他部門、取引先、顧客、官庁など、たくさんの人や組織の関係性の中で進行していくからです。インターネット・リサーチの日程では、リサーチの発注者にはいつまでに結果がほしいという要求が必ずあります。

リサーチはマーケティング上の意思決定の手助けのために実施されますから、意思決定が終わってからリサーチ結果が提出されたのでは、それがどれだけ精度の高い結果であっても価値はゼロになってしまいます。しかもマーケティングは日々、変化しているので当初の日程が変更されることもしばしばです。設計にあたっては余裕をもった日程を立てることが大切です。

日程には回答者の都合も考えるべき時間を考えておくということですが、インターネット・リサーチの場合は、インターネットを通してすぐにアプローチできるので時間はほとんどかかりません。

調査票の作成時間、集計表の分析時間から発表されています。

●サンプル数と予算は相互に関連する

サンプル数は、回答者数と予算の関係で決まります。まず一番知りたいことの回答者数を予想します。「20～24歳の女性の化粧品ブランドの評価を知りたい」が調査目的であれば、このセルのサンプル数が50必要と考えます。

さらに化粧年齢を15～49歳として、ターゲットセル（20～24歳）の比率に合わせて年齢別のサンプル数を決めます（年齢別人口構成比は官庁統計で精確にわかる）。こうすれば、化粧年齢全体の中でのターゲット層の化粧品ブランド評価がわかります。

こうして設計サンプル数がわかったら予算を検討します。インターネット・リサーチではサンプル数（回収数）と質問数のマトリックスで価格表が各社から発表されています。

を日程に組み込むことが設計段階で重要です。

調査日程は報告予定日を起点に決めていく

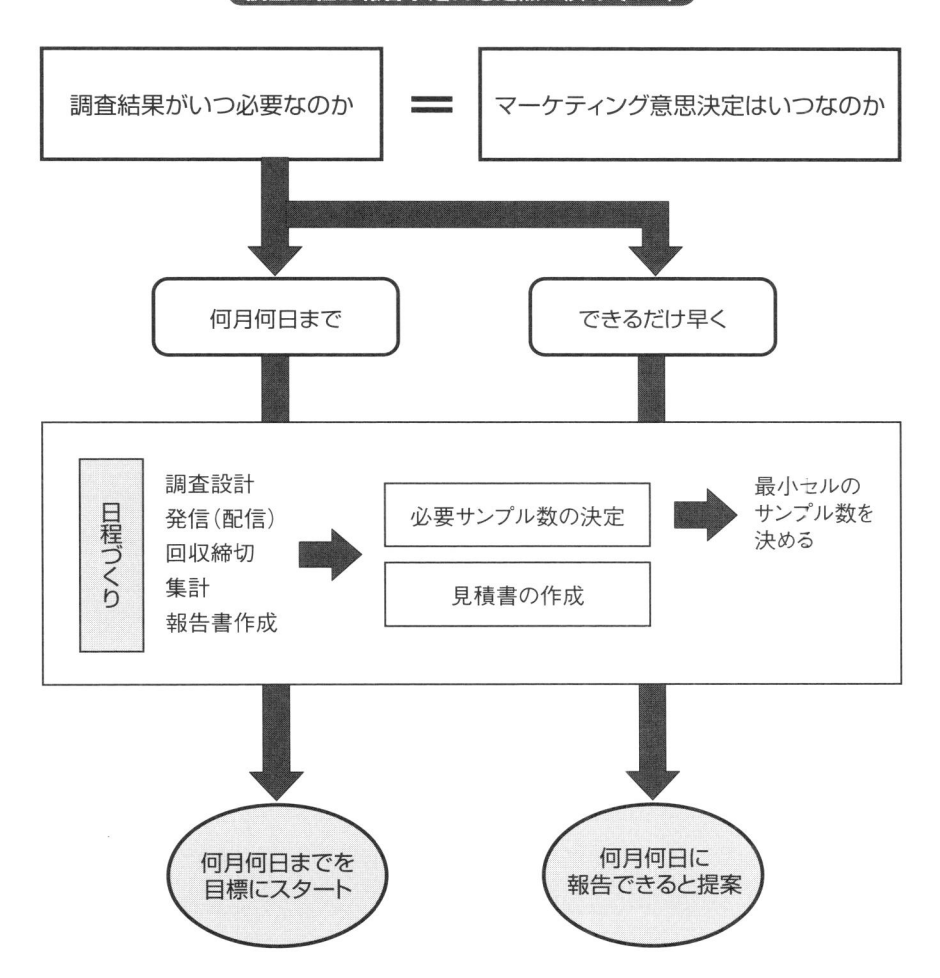

```
┌─────────────────────┐     ┌─────────────────────────┐
│ 調査結果がいつ必要なのか │  =  │ マーケティング意思決定はいつなのか │
└─────────────────────┘     └─────────────────────────┘
           │                              │
           ▼                              ▼
    ┌──────────┐                   ┌──────────┐
    │ 何月何日まで │                   │ できるだけ早く │
    └──────────┘                   └──────────┘
```

日程づくり	調査設計 発信（配信） 回収締切 集計 報告書作成	→	必要サンプル数の決定	→	最小セルの サンプル数を 決める
			見積書の作成		

(何月何日までを目標にスタート)　　(何月何日に報告できると提案)

Section 39

集計・分析方法を検討する
集計計画の立て方

調査目的にかなったリサーチ結果を得るために、最もふさわしい集計・分析の方法を検討し、それに合わせて質問文なども精査する。

●とりあえずは大枠を捉えた計画を

インターネット・リサーチの設計段階で詳しい集計計画は必要ありません。ただ、大枠の集計計画を考えておかないと実際の集計作業がうまく進まない危険があります。失敗の多くは分析に必要な質問文を入れていなかった、回答カテゴリーのつくり方が集計プログラムと合わなかったという形で現れます。

調査目的に集計・分析手法まで含まれている場合もあります。たとえば「新製品開発のためにコンジョイント分析」を行うと調査目的にあれば、集計計画はコンジョイント分析のデータ作成仕様に従えばよいのでとくに設計段階で考える必要はありません。ただ、こういったケースは多くありません。

●集計方法には何種類かある

マーケティング・リサーチの多くは「クロス集計」といわれる集計方法を採用しています。集計とは集めて足し上げる作業です。「知っているブランド」の質問文の回答肢の「1」を選んだサンプルを足し上げていって集計全サンプルで割り算すれば、「1」の回答率が算出できます。その「1」がブランドAのコードなら、それがAの認知率になります。この作業を男女別に行えば男女別の認知率の表が得られます。これを認知率を性別でクロスするといいます。さらに地域別、年齢別などもクロスした集計表がつくれます。

クロス集計に対し、データを項目別に足し上げるのではなくデータ全体を一度に扱って関係性を見出す集計方法があり、「多変量解析」もその一つです。調査目的にかなった結果を得るために設計段階でクロス集計だけでよいのか、他の集計・分析方法まで検討すべきかを判断するのが集計計画の基本です。集計結果が上がってから多変量解析などをやろうとしてもうまくできない場合が出てきます。多変量解析などは分析方法に合ったデータセットしか使えないことが多いからです。そういったデータセットを得るためには質問文もそれに合わせる必要があります。

クロス集計以外の集計方法は設計段階で決めておく

●GT表（グランドトータル）

調査票の各質問項目に回答者全体の反応数とパーセンテージを示す

(Q1) あなたがこの1週間に飲んだことがあるペットボトル入り飲料は何ですか（複数回答）

全体	水	お茶	スポーツドリンク	コーラ	炭酸系	果汁系	その他	なし
963	211	514	330	108	281	494	613	201
(100.0)	(21.9)	(53.4)	(31.2)	(11.2)	(29.2)	(51.3)	(63.7)	(20.9)

●クロス表（単純クロス）　Q1の飲用経験を性別でクロスした

全体	水	お茶	スポーツドリンク	コーラ	炭酸系	果汁系	その他	なし
963	211	514	330	108	281	494	613	201
(100.0)	(21.9)	(53.4)	(31.2)	(11.2)	(29.2)	(51.3)	(63.7)	(20.9)

男性

540	98	331	299	88	196	120	306	60
(100.0)	(18.1)	(61.3)	(55.4)	(16.3)	(36.3)	(22.2)	(56.7)	(11.1)

女性

423	113	183	31	20	85	374	307	141
(100.0)	(26.7)	(43.3)	(7.3)	(4.8)	(20.1)	(88.4)	(72.6)	(33.3)

●クロス表（三重クロス）　Q1を性別×年代別に見る

		全体	水	お茶	スポーツドリンク	コーラ	炭酸系	果汁系	その他	なし
全体		963 (100.0)	211 (21.9)	514 (53.4)	330 (31.2)	108 (11.2)	281 (29.2)	494 (51.3)	613 (63.7)	201 (20.9)
男性計		540 (100.0)	98 (18.1)	331 (61.3)	299 (55.4)	88 (16.3)	196 (36.3)	120 (22.2)	306 (56.7)	60 (11.1)
	20代									
	30代									
	40代									
女性計		423 (100.0)	113 (26.7)	183 (43.3)	31 (7.3)	20 (4.8)	85 (20.1)	374 (88.4)	307 (72.6)	141 (33.3)
	20代									
	30代									
	40代									

●その他 集計方法

多質量解析などは、調査票設計を解析手法に合わせるようにする

Section 40

リサーチ設計の最後の詰め
企画書の書き方

企画書にはさまざまな目的があり、よいリサーチ結果を得るための効能も多いので、どんなに簡単な調査でも企画書を書くようにする。

●企画書には多くの効能がある

インターネット・リサーチの設計の最後に企画書を書きます。企画書は、企画者（担当者）の考え方の整理、実施メンバーの共通認識の確認、予算を

もらうための申請書、実施プロセスのマニュアル、分析の方向性確認、次回調査のための記録資料というようにたくさんの効能があります。

企画書を書くことで、担当者の考え方が整理され全体像が見えてきます。さらにリサーチ会社のフィールド担当集計担当者との共通認識ができ、ミスや余計な仕事の削減になります。また、社内での予算獲得のためにも必要な文書です。リサーチが始まれば、何か疑問や確認したいことが発生したとき企画書をみることで作業が滞らないメリットがあります。集計・分析では、調査目的の確認を行って確実な結論を出すことに役立ちます。最後に資料として残ることで、次回調査の参考となります。ですから、どんなに簡単な調査でも企画書はつくるようにします。

●企画書を書くポイントは

企画書を書くにあたって意外に重要なのがタイトル（題名）です。タイトルを見ただけで、どんな調査がどんな目的で実施されようとしているかがわかるような表現にします。さらに、「○○会社御中」とか「事業部長殿」など宛先も書いておきます。実施主体と日時も表紙に明記します。いつ、誰が、誰宛の調査をしたのかがわかります。

内容は、背景、目的、調査方法、対象サンプル、サンプル数（予定回収数）、分析手法、日程、概算費用、調査実施機関などの項目を満たすようにします。

日程は、企画検討期間、実施日、集計・分析期間、報告書納品予定日などを書きます。調査実施機関はリサーチ会社名を書きますが、自社の担当者を含め、実名を記入しておくと、お互いの担当の異動があっても引継ぎができます。

最後に企画書をプールしておけば、リサーチのノウハウの蓄積になります。

企画書と報告書をセットで保存すればリサーチのノウハウ集になる

●企画書の構成

| 表紙 | …… | ○○株式会社商品企画部 御中

「新製品開発のための
ターゲットのニーズ調査(首都圏)」

2009年10月2日
△△リサーチ | → タイトルは内容が
わかるように具体的に

→ 日付、調査実施主体も
必ず記入 |

| 背景 | …… | リサーチが必要になった理由を述べる |

| 目的 | …… | 明らかにすべきことを箇条書きにする |

| 方法 | …… | インターネット・リサーチ |

| 調査項目 | …… | 調査目的別に質問文のタイトルを書く |

| 調査日程 | …… | 具体的年月日を記入する |

企画・調査票作成	2009年 8月20日〜23日
配信	8月24日
配信締切	8月26日
集計・分析	8月27日〜30日
報告日	9月1日

| 調査費用 | …… | 概算でもよい |

| 調査スタッフ | …… | 自社の担当者名
発注先 調査会社名と担当者名 |

Internet Research

5章 インターネット・リサーチの実施

Section41	インターネット・リサーチ会社の探し方
Section42	インターネット・リサーチ会社との打合わせ
Section43	サンプルの割付け・スクリーニング
Section44	調査票のボリューム
Section45	調査票によるバイアス
Section46	回答分岐・論理チェック
Section47	選択肢のランダマイズ
Section48	純粋想起と助成想起
Section49	SA、MA、OAとテキストマイニング
Section50	質問文の書き方

Section 41

最善のところを見つけるためのポイント
インターネット・リサーチ会社の探し方

多くのリサーチ会社の中から最適な会社を探すには、自社の調査目的や期待する成果などを明確に把握し、見積り依頼などのアプローチをして反応を見る。

● 調査目的や期待する成果で選択

マーケティングテーマを整理し、リサーチテーマがはっきりしたらリサーチ会社を探します。すでに付き合いのあるリサーチ会社がある場合は、問題のない限りその会社に連絡すればよいのですが、ここでは改めてリサーチ会社を探してみます。

マーケティングテーマによっては外部のコンサルティング会社を使う場合があります。その判断はトップが行います。コンサルタントを使う場合はリサーチ会社探しもコンサルタントに任せたほうが得策でしょう。さらに、広告制作がテーマの場合も広告制作は広告会社に依頼するので、広告会社がリサーチ会社を探します。ただ、広告効果測定がテーマのリサーチは、広告会社ではなく自社でリサーチ会社を探すべきでしょう。そうでないと受験者と採点者が同じという事態を招きます。

リサーチ会社にはコンサルタントに近い仕事をする会社から、ネットのリサーチモニターを貸し出すだけの会社までいろいろあります。前者は仕事の質が高く、調査結果だけでなくマーケティング施策の提案まで期待できますが当然、費用は高くなります。後者は企画どおりのリサーチを実施してくれますが、それ以上の提案は期待できません。当然、費用は安くすみます。同じリサーチ会社の中でもコンサルタント系の仕事ができる部門・人とリサーチのみの仕事の部門・人がいますので、調査目的が何なのか、どんなアウトプット（成果）を期待しているのかで探すべきリサーチ会社が違ってきます。

● 見積り依頼などで絞り込んでいく

ネットの検索サイトで「リサーチ会社」と検索するか、「日本マーケティング・リサーチ協会」（JMRA）のホームページを見れば多くのリサーチ会社が載っています。各社のホームページを見ながら、自社の調査目的を安く精度高く達成してくれそうなリサーチ会社を探せばいいのですが、これがなかなかうまくいきません。

100

費用とサービス内容を比較してリサーチ会社を探す

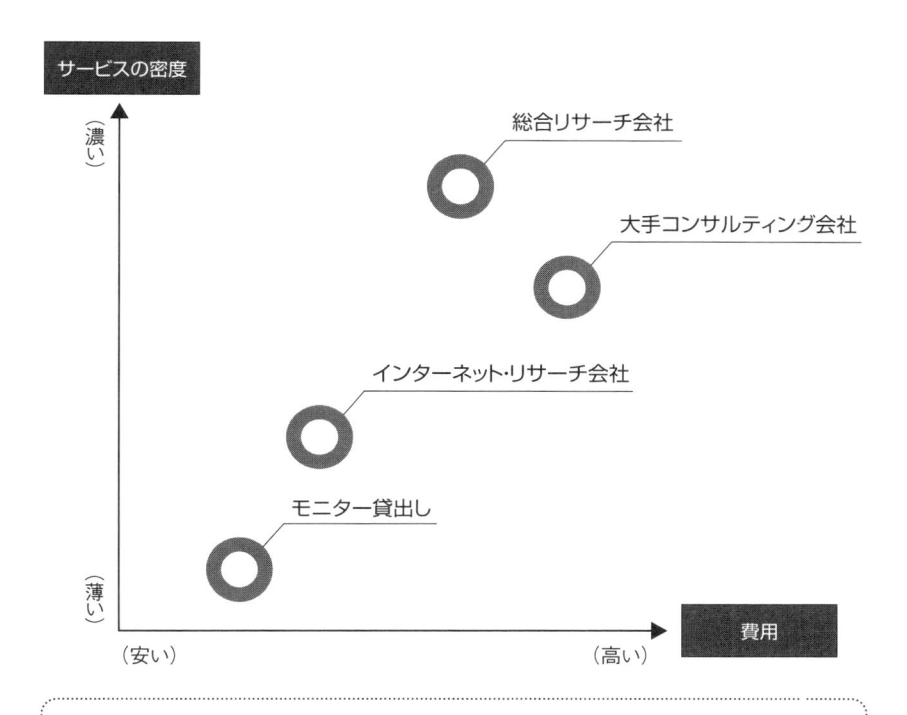

```
サービスの密度
(濃い)
                    ○ 総合リサーチ会社
                         ○ 大手コンサルティング会社
         ○ インターネット・リサーチ会社
       ○ モニター貸出し
(薄い)
      (安い)              (高い)    費用
```

※総合リサーチ会社の中には、インターネット・リサーチ部門を内部にもっている会社もある

そこで、インターネット・リサーチに限って簡単な探し方を述べます。まず、ネット検索でリサーチモニター数が30万以上あるか、きちんとした料金表があるかを基準にして、各社にメール添付で概算見積り依頼を出します。

そのときは、サンプル数の割付け、質問数、地域、集計方法（クロス集計）、報告書の有無だけを明示して依頼します。

ここで、メールか電話でその日にレスポンスがない会社は落とします。返事があれば、内容質問文をどちらが作成するか、納品方法はどうかなどのことを訊いてくるはずです。それに回答しても概算見積りが数時間後に出ない会社も落とします。こうして選んでいけば、最適なインターネット・リサーチ会社が探せるはずです。

各社のモニター数は数値をそのまま鵜呑みにせず、「リサーチの専用モニター」の数を確認します。

Section 42

相手の力量をテストするのも目的

インターネット・リサーチ会社との打合せ

インターネット・リサーチを始める前に、リサーチ会社との打合せは不可欠。お互いの意思疎通を図り、所期の目的が達せられるようにする。

●初めての調査では対面打合せを

インターネット・リサーチは、ネットを媒体としてリサーチを効率よく安価にできる方法です（1項参照）。インターネット・リサーチ会社との打合せもネットを通して行えば、より効率的になります。しかし、初めての調査では面倒でもリサーチ会社と対面して打合せすべきです。定期的に実施しているルーティンの調査であれば、電話やeメールのやりとりで充分でしょう。

打合せを行う目的は、業務内容をすり合わせるとともにリサーチ会社と担当者の力量をテストすることです。そこで、こちらの企画内容をすべて開示せずに主要なポイントだけを話します。

その際、サンプル数やサンプルの割付けをどうするか、質問文は何問くらいになるか、どんな集計が必要かなどの基本項目の質問が出てくれば、リサーチ経験が豊富であると判断できます。

それだけでなく、サンプル数や質問文のつくり方、集計方法などで提案が出てくるようであれば、優秀な調査会社・担当者と判断できます。第一回目の打合せで調査会社の能力に疑問をも

打合せをできるだけ詳しく伝えます。リサーチ会社の人はリサーチには詳しいが製品や市場には詳しくない素人であることを前提に打ち合わせます。市場の動向や自社が置かれているポジションも丁寧に説明します。リサーチ会社の人も、市場についてわからないことは遠慮なく訊いていいのです。そのかわり、リサーチの方法論については適切なアドバイスを行えるようにしておきます。

大がかりな調査の場合は、質問文づくりの担当者、集計担当者も加えて打合せします。最後に、リサーチ会社側に改めて企画書を書いてもらうようにします。そうすることで、市場のこともリサーチのこともよく理解できた企画書が仕上がります。

ったら、もう一度調査会社探しからやり直します（前項参照）。

●最後に改めて企画書を書いてもらう

打合せでは調査目的・アウトプット

インターネット・リサーチでもフェイス トゥー フェイスの打合せが重要

ルーティン化したリサーチ
→ 通常はeメールのやりとりで充分

新規の大規模なリサーチ

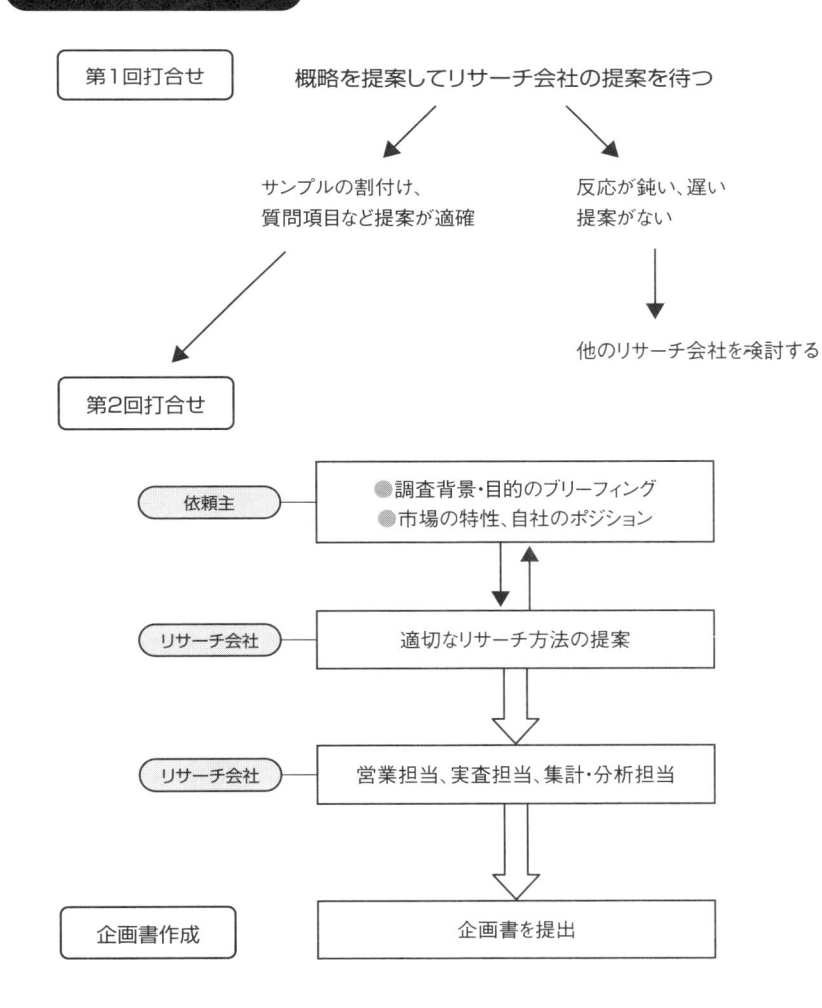

第1回打合せ　　概略を提案してリサーチ会社の提案を待つ

↙ サンプルの割付け、質問項目など提案が適確
↘ 反応が鈍い、遅い／提案がない
　　↓
　　他のリサーチ会社を検討する

第2回打合せ

- 依頼主 → ●調査背景・目的のブリーフィング
　　　　　　●市場の特性、自社のポジション
- リサーチ会社 → 適切なリサーチ方法の提案
- リサーチ会社 → 営業担当、実査担当、集計・分析担当
- 企画書作成 → 企画書を提出

103　第5章　インターネット・リサーチの実施

Section 43

リサーチモニターを選び出す

サンプルの割付け・スクリーニング

インターネット・リサーチでは調査対象を「抽出」するのでなく、モニターを「選別」する作業が行われることが多い。

●調査目的にかなうモニターを選出

インターネット・リサーチでは、一般的なマーケティング・リサーチが行う「抽出」という作業はありません。インターネット・リサーチのモニターは調査対象として選ばれるのではなく、回答者として「応募」してくるからです（25項参照）。表現はよくないですが、応募してくるモニターを調査主催者側が「選別」すると考えて間違いありません。この選別作業をサンプルの割付けやスクリーニングといいます。

サンプルの割付けは、調査目的にしたがって行います。ハイブリッド乗用車の満足度を知りたいという調査目的であれば、この1年間にハイブリッド車に買い替えたオーナードライバーをモニターの中から探し出し、回答の分散が最大と予想される調査項目に必要なサンプル数を割り付けます。

さらに比較するために、ハイブリッド車ではない買換えを行ったオーナードライバーを同数だけ割り付けます。

こうしたことを一般のリサーチでやろうとすると、スクリーニングのためにプレ調査が必要になって、費用と日程の負担が大きくなります。

●安価なインターネット・リサーチ

インターネット・リサーチモニターの属性に所有車種のデータがあり、それがアップデートされていればスクリーニングができます。そうしたデータがない場合は、スクリーニング調査が必要になります。まずハイブリッド車の所有率を予想します。これは二次データなどで予想すればよいので精確な予測ではありません。予想所有率が0・5％で100サンプルほしいのであれば、2万サンプルのスクリーニング調査をすればよいことになります。

2万サンプルのスクリーニング調査をインターネット・リサーチ以外の方法でやろうとすると、膨大な費用がかかります。インターネット・リサーチはスピードが速く、安価にできるので、こういったスクリーニングを経て有効な100サンプルを調査できます。

インターネット・リサーチはサンプル抽出ではなくサンプル割付けを行う

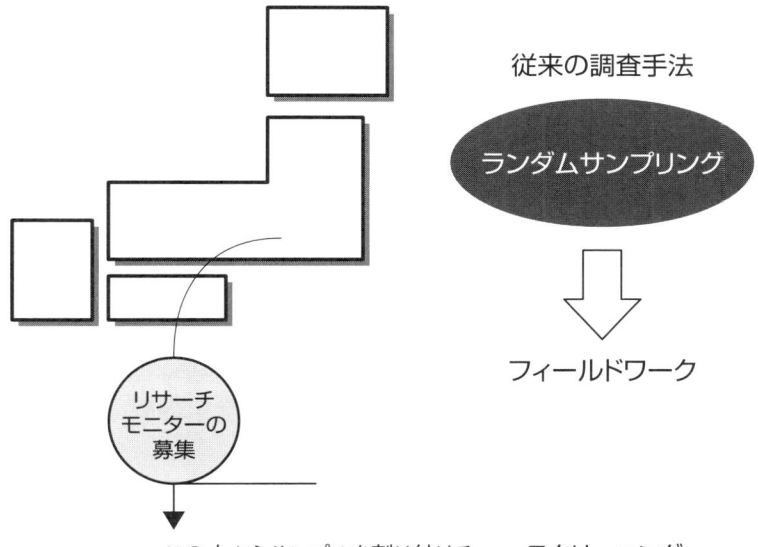

従来の調査手法

ランダムサンプリング

⬇

フィールドワーク

リサーチ
モニターの
募集

⬇

この中からサンプルを割り付ける ＝ スクリーニング

割付け

●地域、年齢、性別などデモグラフィックな特性で割り付ける

	20代	30代	40代	合計
男性	100	100	100	300
女性	200	200	200	600
合計	300	300	300	900

※ランダム性はない
※母集団を反映していない

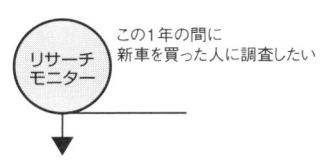

スクリーニング

リサーチ
モニター

この1年の間に
新車を買った人に調査したい

⬇

割付け以外の条件を付ける(この1年の車の購入者)

	30代	40代	50代	合計
中古車	15	30	8	53
新車	38	33	12	83
合計	53	63	20	136

※スクリーニング調査から
　新車購入ずみの83人に
　調査依頼する

Section 44

調査票のボリューム
インターネット・リサーチでも限度がある

調査票をつくるときは、調査対象者の負担にならないよう、質問数が多すぎず、また質問文も複雑になりすぎないように心がける。

● 質問数と質問文の複雑さで決まる

インターネット・リサーチは厳密なランダムサンプリングではないので、抽出作業には時間も労力もかかりません。インターネット・リサーチ会社と打ち合わせて、日程、割付けサンプル数、おおよその質問数が決まれば、すぐに調査票の作成に入ります。

調査票のボリュームは質問数と質問文の複雑さで決まります。そして、調査ボリュームには限度があります。

訪問面接調査、電話調査などは対象者を直接拘束するので30分が限界とされ、実質は20分以上になると対象者の回答態度に苛立ちが生まれるといわれています。郵送調査など対象者の自由時間に記入してもらえる調査でも、あまりに厚い調査票を見た瞬間に拒否されてしまいます。インターネット・リサーチの初期には、好きなときに回答でき、途中で止めても、またネット接続したときに続けられ、インターネットを行う人はネットが好きなので、ボリュームの多い調査票でも大丈夫というする説もありました。ただ、これはネットがまだ一般的になる前のIT関連の

男性に偏っていたときの話で、いまはインターネット・リサーチでもボリュームには限度があります。

● 質問文は60問くらいが限度

先述のように調査票のボリュームは、①質問数と②質問文の複雑さ、つまり質問文の理解や回答するのに要する考える時間の二つで決まります。ただ、この二つの要素だけではなく、調査内容への興味関心度も影響します。クルマ好きにとってクルマの調査はおもしろいでしょうが、タイヤに関して無関心だったら、タイヤの調査は退屈ですぐに飽きてしまいます。関心の高い層に合わせて調査ボリュームを検討するか、関心の低い層に合わせて調査目的によって違ってきます。市場全体を把握したいのであれば、関心の低い層に合わせざるを得ないので、ボリュームに合わせて。先端層の実態や意識が知りたいのであれば、関心の高い層に合わせてある程度ボリューム

インターネット・リサーチにも調査票のボリュームには制限がある

訪問面接
電話調査 ── 対象者と対面するので時間制限がある

インターネット調査 ── 対象者が好きなときに始めて好きなときに中断できるので、時間制限はない

⇕

一つのテーマに集中できる限度を超えると途中で止める

＝

常識的な時間制限（30分程度）はある

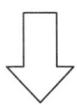

⇩

プレ調査で周りの人に実際に回答してもらう

以上のように調査票のボリュームを決めるにはいろいろな要素がからみ合っているので、一概に何問以上は不可という基準はありません。しかし、一般的に考えて100問もある調査票は考えられません。60問くらいが限度と考えていいでしょう。

質問文を複雑にする一つにマトリックス形式の回答があります。「あなたは○○についてどう思いますか」という質問文に続いて、「では、△△については」「次に××については」と延々と続くものです。費用見積りで1質問とカウントされるので発注側としては使いたい方法ですが、対象者側は数問分の負担になります。

調査ボリュームのチェックは実際に誰かに回答してもらって途中で飽きたり、イヤになったりしたかどうかプリテストするのがよい方法です。

Section 45

質問文の順序と表現の仕方で結果が変わる
調査票によるバイアス

調査票づくりでは、質問文の順序と表現の仕方で調査結果に影響が出ることがあるため、細かい注意が必要。自ら見直したりほかの人に見てもらうようにする。

●質問文の順序と表現の仕方に注意

調査票によるバイアスは質問文の順序と表現の仕方によって生じます。サンプリングエラーと違って計算できないので、より細かな注意が必要です。

質問文の順序によるバイアスで顕著なのは、結論的なことを先に質問してその理由を後で質問するか、具体的な項目を質問してから結論的なことを質問するかによって、結果が大きく変わるというバイアスです。

有名な例で、自分が①「自分をアクティブな性格だと思うか」という質問をして回答を得てから、アクティブと考えられる行動場面を挙げてもらう。②逆にアクティブと考えられる行動場面を挙げてもらった後で、「自分をアクティブな性格だと思うか」を質問した場合で、後者のほうがアクティブと回答する割合が有意に大きくなるという実験結果があります。

①の場合、まず性格判断をさせ、その後で具体的場面を想起させるので、性格判断に影響しません。②の場合は具体的場面を先に想起させられるので、自分がアクティブであるという判断に

傾きます。

質問文でも、環境によいことをしている具体的行動をいくつか質問してから、「あなたは環境に配慮するほうですか」と質問したほうが回答率は高くなります。

表現の仕方は、言葉そのものと形容詞の使い方のことです。たとえば騒音調査で、「うるさい騒音、迷惑な騒音」という表現を使うと否定的な回答が増えます。これはすぐに気づくので失敗することは少ないです。また「交差点の自動車や歩行者が出す音」と表現したときと「交差点の騒音」と表現したときでは、明らかに後者のほうが否定的な回答になります。「気候変動」と「地球温暖化」という表現の違いでも結果が違ってくることが予想できます。

これら調査票によるバイアスは、作業中は気づきにくいため、他の人に見てもらうか、翌日見直すようにします。

調査票の表現や順序で思いがけないバイアスになる

◉表現による問題例

> **A** 食品添加物の表示義務について、メーカーはこれを守るべきだと思いますか
>
> **B** 食品添加物について、メーカーはすべて表示すべきだと思いますか

※義務という強い表現があると、厳しい回答が多くなる

◉順序による問題例

> **A** 食品添加物の安全性についていくつか質問した後に「食の安全性を重視しますか」と質問
>
> **B** 「食の安全性を重視しますか」と質問した後に「食品添加物をどう思いますか」と質問

※Aのほうが、食の安全性を重視する回答が多くなる

◉フレーミング問題（認知科学・脳科学の知見）例

> ※人は与えられたフレームの中で意思決定する
>
> ※ある作業をともなうとその結果に左右される（本文の例）

Section 46

ネット調査票ではとくに重要
回答分岐・論理チェック

電話調査や訪問面接と違い、回答時に調査員などの援助が受けられないネット調査では、回答に矛盾が起きないよう、調査票づくりで工夫が必要。

●回答すべき質問だけを表示する

インターネットの調査票は、配信された後は対象者だけが見ることになります。対象者はパソコンや携帯電話の画面を見ながら回答していき、電話調査や訪問面接のように調査員やオペレーターの指示や援助はありません。たとえば、購入したかどうかの質問に「ない」と回答した対象者は、購入理由の回答欄は無記入でなくてはならないので、調査員が面接していればその質問は飛ばします。ネット調査ではプログラムで飛ぶように設定しておきます。これを「回答分岐」といいます。

調査票を作成するときには、対象者には回答すべき質問だけが画面に表示され、答えていけば正しい回答分岐になるようにプログラムします。第一問は全員が回答し、第二問では認知者だけ、第三問は再び全員、第四問では…というように複雑な調査票ではこの回答分岐の出入りが激しくなるので、フローチャートで表現して整理しておくことが大切です。そのとき、すべての対象者の回答が一つのストーリーをもつように注意します。質問内容がバラバラな印象を与えると、対象者は何を訊かれているのかわからなくなります。

●回答の矛盾に警告を出すことも

「論理チェック」も調査票を作成するときにプログラムしておきます。回答分岐と違って、回答者を1人の人間と見たときに論理的な矛盾が生じる回答をチェックすることです。調査票の前半では肯定的だったのが後半で否定的になったときなど、論理的に説明がつかない場合は、途中で回答者が入れ替わった、最初からいいかげんに回答していたなどが疑われます。

もう少し小さなレベルで、前半では「ほとんど運転しない」と回答したのに、後半で「通勤に使っている」と回答した場合などです。ただ、論理チェックを厳しくしすぎると調査での「発見」がなくなってしまいます。先の例でいえば、運転手付きで通勤しているのかもしれません。

インターネット・リサーチはエディティングを設計段階で行う

●従来のリサーチ

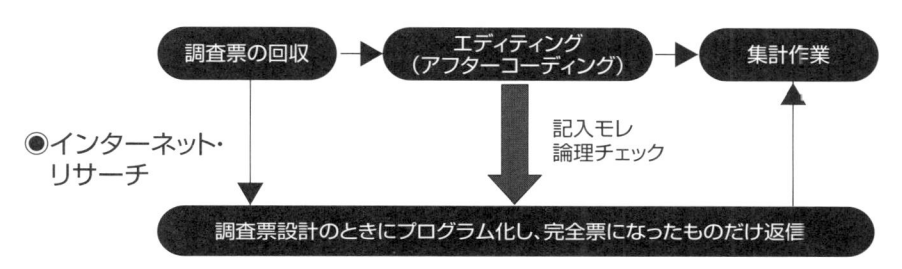

調査票の回収 → エディティング（アフターコーディング） → 集計作業

記入モレ
論理チェック

●インターネット・リサーチ

調査票設計のときにプログラム化し、完全票になったものだけ返信

●回答分岐

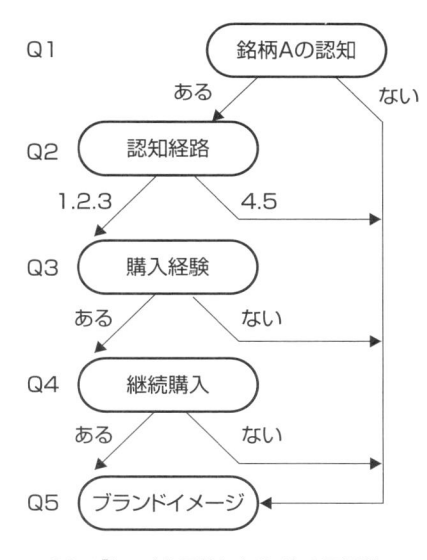

Q1 銘柄Aの認知
　　ある／ない
Q2 認知経路
　　1.2.3／4.5
Q3 購入経験
　　ある／ない
Q4 継続購入
　　ある／ない
Q5 ブランドイメージ

※Q1で「ない」と回答したら、次の画面はQ5になるようにプログラムする

●論理チェック

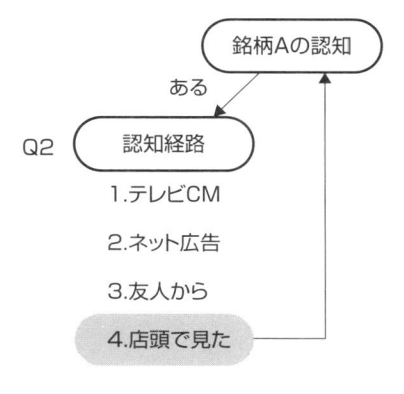

Q1 銘柄Aの認知
　　ある
Q2 認知経路
　1.テレビCM
　2.ネット広告
　3.友人から
　4.店頭で見た

※銘柄Aはまだ店頭配荷していない。あるいは通販しかしていない。
　このときに回答肢「4」を最初から削るか、Q1に差し戻すか決めておく

第5章　インターネット・リサーチの実施

Section 47

正しい調査結果を得るために

選択肢のランダマイズ

回答リストの選択肢をつくる作業で重要なのは、モレをなくすことと表現を生活現場に近づけること、そして選択肢の表記順序をランダムにすること。

●選択肢の制限が少ない

助成想起（銘柄認知などであらかじめブランド名を提示した中から選んでもらう）の質問には、選択肢が非常に多いものがあります。たとえば書店で手に入る雑誌だけでも100を超えているはずで、閲読誌を知るためには雑誌名を100以上書いたリストが必要です。訪問面接調査では、調査員の荷物がこれらのリストで非常に重くなったり、調査票が厚くなって対象者にプレッシャーをかけてしまいます。インターネット・リサーチはこの点で圧倒的に優位です。回答リスト（選択肢リスト）は紙を使わないので厚さや重さは考えずにすみます。

訪問面接調査では回答リストに制限があるため、雑誌や使っている製品を面接現場で見せてもらって調査員が記入し、回収後コード付けをするアフターコーディングで対応しています。コード化しておかないと集計できないからです。これは時間と労力の効率を低下させます。インターネット・リサーチはこれをプリコード化することで効率化しています。そのためには調査票

●選択肢をつくる際の留意点

選択肢をつくる作業で重要なのは、モレをなくすことと表現を生活現場に近づけることです。簡単な例で、日産自動車が正式名称でも、生活現場でニッサン（日産自動車）」と表記するようなことです。ファッションブランドなどはロゴデザインで記憶されていることも多いので、注意が必要です。

選択肢を選ぶときには、最初や三番目のものを選びやすい、五番目以降の選択肢は選ばれづらいなどの傾向があることが、心理学の実験でもわかっています。そこで選択肢の表記順序をランダムにします。この作業を「ランダマイズ」といいます。ただし、「その他」や「不明」はいつも最後にします。

の作成段階で選択肢を網羅しておく必要があります。掲載モレがあるとそのものはゼロとされてしまいます。

選択肢の順番は対象者ごとにシャッフルする

◉インターネット・リサーチの利点
- 原理的には選択肢をいくつでも増やせる（紙を使わない）

◉選択肢を多くすることができることの利点
- アフターコーディングが要らない
- 対象者はクリックだけですむ（文字を打ち込まなくてもよい）

◉選択肢のランダマイズ
- 最初に表示された選択肢が選ばれやすい。あるいは、質問内容によっては2番目、3番目（三つ、あるいは五つの選択肢の真中）が選ばれやすいなどの傾向

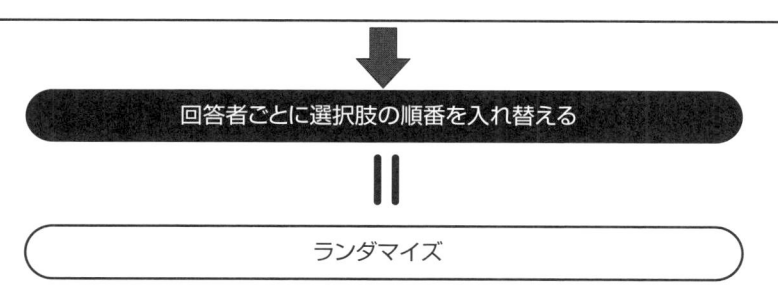

⬇

回答者ごとに選択肢の順番を入れ替える

＝

ランダマイズ

◉ランダマイズの注意点
- その他、不明、一つもないなどの選択肢は常に最後に置く
- 完全な乱数発生によるランダム化か、回答者を二つに分けて順序を単純に逆にするかを決めておく

Section 48

知っていることをどうやって訊き出すか
純粋想起と助成想起

純粋想起は体験に基づいた強い記憶（エピソード記憶）、助成想起は知識だけの記憶（意味記憶）ともいえる。

●認知の実態とその内容や評価を訊く

マーケティング・リサーチの大きな目的の一つに、対象者の認知の実態と内容・評価を訊くことがあります。認知とは「知っている」ということで、認知の実態とその内容や評価まで調査します。

「知っている日本の自動車メーカーをすべて挙げなさい」という質問は、学校のテストでもリサーチでも同じでしょう。しかし「日産自動車というメーカー名をいつ、どこで、どのように知りましたか」という質問は学校のテストでは考えられません。これを認知経路の質問といいます。

さらに「あなたは日産自動車のクルマを買ってみたいと思いますか」と評価の質問もします。リサーチではこの質問こそ重要です。

●助成想起が主

この認知を訊くときの質問文には、「純粋想起」と「助成想起」があります。

純粋想起は、「○○（の中）で、思い浮かぶもの」と質問して回答した内容をそのまま記入します。ここで対象者が不完全な回答をしても「△ですか？」などと訊いてはいけません。これは「助成」の一種になります。間違った回答でもそのまま収集します。

ここで、インターネット・リサーチは純粋想起の把握には不利であることに気づきます。対象者が家にある実物を確認したりネット検索してしまうかもしれません。思い出す契機が発話か書く（キー入力）かによって微妙なズレも考えられます。

助成想起とは、回答肢を提示して認知を把握する質問です（前項参照）。当然、想起数も多くなります。純粋想起のような誤回答はありません。

純粋想起はエピソード記憶、助成想起は意味記憶に近いと考えられ、マーケティング上は前者のほうが重要といえます。

インターネット・リサーチでは厳密な純粋想起はわからない

◉純粋想起

> 補助や助けをいっさい受けずに、コトバで表現されるメーカー名や銘柄名のこと

⬇

> 対象者（消費者）の心に深く確実に認知されたメーカー名や銘柄名が想起される（はず）

⬇

> 第一想起されるものが最も強く認知されている

⬇

> ブランドロイヤルティの指標としても使える

◉インターネット・リサーチの純粋想起

> 対象者がネット検索して回答する
> 対象者が周囲の人に訊く → このリスクをチェックできない

> 発話行為（訪問面接、電話）とキーボード操作とは、想起プロセスが異なる可能性がある

⬇

> 以上から、インターネット・リサーチで純粋想起を訊くのは困難である

Section 49

リサーチデータを真に活かすために
SA、MA、OAとテキストマイニング

回答の仕方には3種類ある。質問文をつくるときに指定しておく。

● リサーチデータは定量的に扱われる

リサーチの多くは、インターネット・リサーチに限らず、データを定量的に収集し集計・分析します。定量的とは、データを足し算、引き算、割り算できるように扱うことです。ブランド認知を調査するとき、知っているを「1」、知らないを「2」として、「1」の回答者と回収サンプルを足し上げ、前者を後者で割り算して100倍すればそのブランドの認知率がパーセントで出てきます。このために調査票段階で回答を選択肢として番号（コード）を付けて一覧にしておきます（47項参照）。

● 回答の選び方は3種類ある

ここでブランド認知の質問文を考えると、たくさんのブランドがありますから認知ブランドが一つとは限りません。選択肢として挙げた一覧から「いくつでも」選ぶことができます。このように指示することをMA（Multiple Answer）回答を指定するといいます。

一方、「最も好きなブランドを教えてください」の質問には回答は一つだけです。このときはSA（Single Answer）と指定します。郵送調査では、SAの指示があっても決めかねた対象者が二つ、三つの回答をしてしまうことがありますが、インターネット・リサーチではそういった質問では一つ以上選択できないようにプログラムしておきます。

MAでもSAでも、回答選択肢はリサーチ企画側であらかじめ考えた範囲に限られるため、予想外の回答はありません。しかしテーマによっては対象者の自由な回答を期待することがあり、このようなときOA（Open Answer）と指定して対象者に自由に書き込んでもらいます。選択肢の「その他」の欄に書き込んでもらうのもOAです。OAはアフターコーディングして集計するか書き抜きすることが多いようです。

OAを定量的に処理する方法に「テキストマイニング」があります。これは文章を単語に分割し、頻度と「かかり受け」関係から相関関係を分析する方法です。

SA か MA か OA かは質問内容・意図による

回答方法のいろいろ

SA（Single Answer）

- 回答肢の中の一つだけを選んでもらう
  ※最も好きなブランド
- 一つ以上を回答したらアラームか、二番目以降を削除
  ※論理チェックプログラムに組み込む

MA（Multipul Answer）

- 回答肢の中からいくつでも選んでもらう
- 二つまで三つまでなど限定する場合もある

OA（Open Answer）

- 自由に書き込んで（タイプして）もらう
- あらかじめ選択肢がつくれないとき
- 自由な発想をしてもらって新しい発見を期待するとき

テキストマイニング

SA、MAはそのまま集計できるが、OAは集計できない

従来のOA処理
- アフターコーディングして集計する
- 書き抜きを一覧表にして見る

⇩

テキストマイニング
- 単語の出現頻度と「かかり受け」関係から
  データマイニングと同じ手法で分析する

Section 50

質問の意図を正確に伝える
質問文の書き方

回答時に調査員などの手助けがないインターネット・リサーチでは、「誰に」「何について」答えてもらうのかが明確に伝わる質問文をつくる。

● 中学生でも理解できる文章で

訪問面接調査や電話調査と違ってインターネット・リサーチでは、調査対象者は質問文を読むだけで理解し、回答も選択肢を読む（見る）だけで行います。ですから質問文は、読んだときに質問の意図が正確に伝わるようにつくります。

調査対象が専門家であれば問題のない専門用語や文章表現も、一般対象者では理解できなかったり誤解される危険があります。質問文をつくるときは「中学生にでも理解できる」文章を心がけるべきです。

● 二つの「限定」にも注意を

加えて質問文は「限定」をはっきりさせることです。限定とは、コトバが含む範囲と回答者の立場を明確にすることです。質問文で自動車というとき、バス・トラック、二輪車を含むのか、エンジンで動く車から電気モーターで動くものも含むのかをはっきりさせてから質問に入るというのが、コトバの限定です。回答者の立場の限定とは、たとえば主婦や世帯主の場合に、個人として回答してほしいのか、世帯や家計を代表して回答してほしいのかをはっきりとさせることです。典型例としては、収入の質問で、個人収入か世帯収入かを明確にさせることです。

コトバの範囲の限定は、質問文に限定のコトバを必ず入れるという方法を採ります。ただ、すべての質問文に「（バス・トラック、二輪車を除いた）自動車をあなたは通勤で使っていますか」という限定文を入れるとしつこい印象を与えてしまいます。調査票の最初で断っておくだけのほうがわかりやすいでしょう。回答者の限定では、「あなたは」か「お宅では」というコトバを質問文の最初にもってきてもしつこさはないと考えられます。

インターネット・リサーチの回答では、パソコンや携帯画面を1人で見て行うため、個人の立場での回答が多くなります。世帯や家計の質問のときに注意を促します。

質問文は、質問者と回答者を同じ認知状況に近づけるように書く

コトバの限定

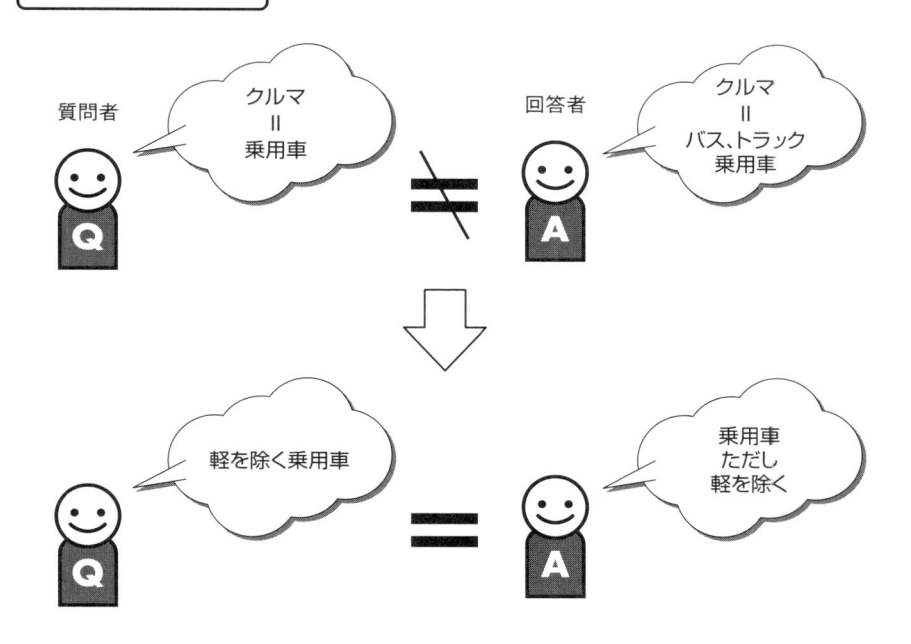

質問者: クルマ ＝ 乗用車
回答者: クルマ ＝ バス、トラック、乗用車

≠

↓

質問者: 軽を除く乗用車
回答者: 乗用車 ただし軽を除く

＝

対象の限定

あなたは ──── PCの前にいる1人の個人
お宅では ──── PCの前にいる人が代表する世帯
御社では ──── PCの前にいる人が代表する事業所、会社、部門

わかりやすい表現

店頭POP → お店にあるポスター、パンフレット、チラシ、値札など

ていねい過ぎない敬語表現

あなた様がいつもお買いになっていらっしゃる → あたながいつも買っている

Internet Research

6章 インターネット・リサーチの集計・分析

- Section51 　GT表の使い方
- Section52 　クロス表の読み方
- Section53 　多重クロスのやり方
- Section54 　度数分布と量層分析
- Section55 　有意差検定の考え方
- Section56 　ウェイトバック集計
- Section57 　相関関係と因果関係は違う
- Section58 　横断的分析と時系列分析
- Section59 　多変量解析の使い方
- Section60 　データマイニング

Section 51

結果チェックとクロス表のクロス項目の決定

GT表の使い方

各質問への合計値が出てくるGT表はこれだけで分析作業に入ることはできないが、結果のチェックなどに使う。

●インターネット・リサーチはスピーディ

インターネット・リサーチの特性の一つにスピードがあります。スピーディな理由としては、データ収集をネットで行うことと、コーディング、エディティングの作業がないことが挙げられます。一般のマーケティング・リサーチではフィールドから上がってくる調査票（回収票）の多くは不完全です。記入モレや論理的におかしな回答が混じっていたりします。それを完全票にする作業をエディティングといいます。

インターネット・リサーチではエディティング作業をフィールドで行います。回答モレがあれば次の画面に進めない、論理的矛盾があればその段階で再回答を促すなどをプログラム上で処理していますから回収（返信）された調査票はほぼ完全票です。すぐに集計され「GT表」がアウトプットされます。

●GT表は質問文の合計値が出てくる

GTはGround Totalの意味で、各質問への回答の数値で出てきます。GT表はクロス集計前の表という意味もあり、クロス集計の全体合計値だけが出てきます。ですから、GT表だけで分析作業に入ることは普通できません。

GT表は結果のチェックとクロス表のクロス項目の決定に使います。結果のチェックとは主要な項目で異常な数値がないかを見ることです。調査結果のおおよその数値は予想できます。たとえば自社ブランドの認知率の予想と極端に違ったら、「新しい発見」と考えるよりどこかで何らかのミスがあったと疑うほうが自然です。さらに各質問のサンプル数（集計母数）の減少の仕方（母数落ち）もチェックできます。質問2が質問1の認知者だけに訊く質問であれば、質問2の母数と質問1の認知者の数は一致しているはずです。

クロス集計の計画はGT表が出る前につくっておきますが、GT表で最終チェックします。回答者を4分類してクロス項目にしようとしたが、GT表を見て3分類に統合しようというような チェックです。

GT表は全体集計の数値チェックに使う

(Q1) あなたがこの1週間に飲んだことがあるペットボトル入り飲料は何ですか

全体	水	お茶	スポドリ	コーラ
963	211	514	330	108
(100.0)	(21.9)	(53.4)	(31.2)	(11.2)

・・・・・

(Q2) あなたがこの1週間に飲んだことがある缶入り飲料は何ですか

全体	缶コーヒー	果汁	コーラ
963	180	76	94
(100.0)	(18.7)	(7.1)	(9.8)

・・・・・

全体集計数が同じかどうかチェック

(Q5) (ペットボトル入りお茶を飲んだ人に)
飲んだボトルのサイズ(容量)はどれくらいですか

全体	2.0ℓ	1.5ℓ	1.0ℓ	500mℓ	350mℓ
514	14	3	11	414	
(100.0)	(2.7)	(0.6)	(2.1)	(80.5)	

・・・・

Q1のお茶の回答者数と同じかどうかチェック

(Q6) (ペットボトル入りコーラを飲んだ人に)
飲んだボトルのサイズ(容量)はどれくらいですか

全体	2ℓ	1ℓ	500mℓ
108	98	2	12
(100.0)	(90.7)	(1.9)	(11.1)

・・・・・

2ℓが98人は異常値では? 集計をチェックする

※数値チェックと全体の主要な数値を頭に入れておく

Section 52

分析のストーリーを描いてみる

クロス表の読み方

重要なクロス項目から順番に見ていき、大きな差のあるクロス表が発見できたら、ストーリー（仮説）を描いてそのスクラップアンドビルドを繰り返す。

● まず最も重要な項目に絞って順番に

GT表で全体の数値をチェックしたらクロス表を見ていきます。その調査の最も重要なクロス項目一つに絞って、全部の質問を順番に見ていきます。インターネット・リサーチはサンプルの割付けを行う場合が多いので、割付けした属性で見ていくのが一般的です。30代主婦と40代主婦に100サンプルずつ割り振ったら、主婦の年代別の差を見ていくのが普通です。ここで地域別に見ていこうと考えるのは、調査目的がブレてしまったということです。

● 数値の大小の比較と並べ替えが基本

GT表をチェックしたときに認知率、購入率、平均金額・個数・量などの基本的数値は頭に入っていて、ある程度のストーリーはできています。そこで、クロスしたセルとセルの差に注目します。平均値や％の数値が30代と40代で大きく違う質問に注目します。このとき、金額や数量などの実数値の平均や％など（比例尺度）と7段階評価などで与えた仮の数値（間隔尺度）の平均値、％などとは同列に比較できないことに注意します。

差の大きいクロス表が発見できたらその理由をそのクロス表の中で考えます。Aブランドの購入率に大きな差があるとしたら、まず同じクロス表の中で30代、40代別に購入率の大きいブランドを並べ替えてみます。さらに差の大きい順にブランドを並べ替えてみたりします。分析とは、このように大きさの比較と並べ替えを繰り返すことといって間違いありません。

そのクロス表の中での分析で理由の仮説が思いついたら、それを検証できそうなほかのクロス表がないか探します。年代の差から子供の人数の違いや世帯年収の違いによるものでは、という仮説があれば、子供人数別、子供年齢別、年収別のクロス表を見ます。

ここでも、数値の大きさの比較と何らかの基準でのデータの並べ替えでつくったストーリー（仮説）のスクラップアンドビルドを行っていきます。

クロス表を見ながら分析ストーリーをつくっていく

●年齢別購入率

	全体	A	B	C	D	E
全体	11.3	18.8	24.7	10.9	1.5	0.6
20代	9.6	28.3	14.1	3.2	1.6	0.7
30代	20.0	27.7	37.6	13.1	1.5	0.0
40代	14.6	10.2	40.0	20.7	1.3	0.8
50代	4.9	8.9	7.1	6.6	1.4	0.7

Bブランドの30代、40代の購入率が高い

```
全体  30代 → 40代 → 20代 → 50代
B     40代 → 30代 → 20代 → 50代      並べ替えてみる
A     20代 → 30代 → 40代 → 50代
```

Bブランドは子供向けの可能性がある
子供年齢別に見られるクロス表を探す

●子供年齢別購入率

	全体	A	B	C	D	E
全体	11.3	18.8	24.7	10.9	1.5	0.6
乳幼児	17.5	33.3	42.2	10.3	1.5	0.3
幼稚園	18.0	28.4	50.1	9.7	1.4	0.4
小学低学年	5.7	11.6	10.0	4.7	1.6	0.7
小学高学年	7.8	10.8	11.0	15.4	1.6	0.2
その他	7.6	10.0	10.2	15.9	1.3	0.6
子供なし	6.0	18.7	0.0	9.4	1.4	0.4

五つの中でBブランドは未就学児のいる世帯でよく買われている

さらに仮説

味のせいか、パッケージのせいか、CMのせいか…

それぞれのクロス表を見ていく

Section 53

ストーリー検証のためにクロスを加える
多重クロスのやり方

分析作業を進めていくとき、多重クロスをしてみたくなるが、三重クロスが限界と考えるべき。

●ストーリーが行き詰まったら

インターネット・リサーチの分析はクロス表で行います。クロス表の数値の大小比較、順番の並べ替えなどを行いながら分析のストーリーをつくります。

分析作業を進めていくと、クロス表を他の項目でクロスしたくなることがあります。

30代、40代の主婦年齢で購入率をクロスした表を見たら、30代でAブランドの購入が40代に比べて高かった。おそらくAブランドが、小さな子供に受けるキャラクターをパッケージに使っているため、比較的子供が小さい30代主婦で購入が高いのだろうというストーリーに気づいたとします。そこで、子供年齢別（長子年齢別）のクロス表を見たが、思うようにストーリーを補強するような結果が出ていない。

こうした場合、主婦年齢別子供年齢別ブランド購入率の表を見たくなります。これが三重クロスです。（通常のクロス表は二重クロスとなります）。

●三重クロス以上は用いない

このような多重クロスの分析を行うときは、各セルの集計母数が少なくなることに注意します。たとえば、主婦年齢×子供年齢別に銘柄別購入率（三重クロス）を見た場合、左図にあるように、30代主婦に100サンプル割り付けていてもサンプルゼロやひと桁のセルが出てきます。

さらに、30代主婦で中学生のいる世帯のA銘柄の購入率は20%ですが、それはたった1サンプルの結果です。この結果をそのまま報告書に書くことは危険です。多重クロスのときは、分析上、重要なセルの母数が20を切らないようにするのが目安です。

計算上可能だからといって三重クロス以上のクロスは考えないのが得策です。セルの母数の問題のほか、プロファイルが描きづらくなるからです。主婦年齢と子供年齢のクロスならその プロファイルが想定できますが、これに世帯年収を加えて四重クロスになるとわけがわからなくなります。

多重クロスはクロス後の各セルのサンプル数に注意して行う

主婦年齢 × 子供年齢 × 銘柄別購入率

			全体	A銘柄	B銘柄	…
全体			300 (100.0)	142 (47.3)	46 (15.3)	…
	30代		100 (100.0)	52 (52.0)	15 (15.0)	
		小学生以下	40 (100.0)	22 (55.0)	8 (20.0)	
		小学生	30 (100.0)	16 (53.3)	7 (23.3)	
		中学生	5 (100.0)	1 (20.0)	— (—)	
		それ以上	— (—)	— (—)	— (—)	
		子供なし	25 (100.0)	18 (32.0)	1 (4.0)	
	40代		100 (100.0)	41 (4.0)	10 (10.0)	
		小学生以下	5 (100.0)	5 (100.0)	1 (20.0)	
		小学生	30 (100.0)	24 (80.0)	2 (6.7)	
		中学生	40 (100.0)	20 (50.0)	5 (12.5)	
		それ以上	5 (100.0)	— (—)	— (—)	
		子供なし	20 (100.0)	3 (15.0)	1 (5.0)	
	50代		⋮			

上位2銘柄だけでもデータなし（—）のセルが出てしまう

さらに世帯年収ランクを加えて

年収 × 主婦年齢 × 子供年齢 × 銘柄別購入率

- ［700万円の30代主婦で小学生がいる世帯
   500万円の40代主婦で中学生がいる世帯］　プロファイルが想定しづらい

- クロス表を一表（1ページ）で表示できなくなる

Section 54

集計数値だけでなくナマのデータに近づく視点を
度数分布と量層分析

クロス表では見えないことは、その背景にあるナマのデータに近づく度数分布などで読み取るようにする。

● **平均値は分布型をチェックする**

クロス表の数値は合計値、平均値、%など計算結果が表示されます。この計算結果の背景には、調査に回答してくれた個人の調査票、回答票があります。

クロス表で集計数416、購入総本数2598本、平均値6・25本のデータを見れば、普通は平均値に注目してクロスしたセル間の差を読み取ろうとします。そして、「平均購入本数は30代が40代より1・23本多いから若い人の購入が多い」というようなストーリーをつくります。こうして分析を進めて問題はないのですが、30代と40代での差に疑問があったり、ほかのデータと矛盾するようだったら「度数分布」をアウトプットします。つまり、購入本数0本のサンプル数、1本のサンプル数、以下1本きざみで最大値まで各本数に集計されたサンプル数を表示することで、分布の姿がわかります。

訪問面接調査などでは調査票を一つひとつ目で見ることが可能ですが、インターネット・リサーチでは調査票（個票という）はバーチャルにあるだけで目で見ることはできません。

この結果、平均購入本数の6・25本（6本と7本の間）を買っているサンプル数はそれぞれ10人で全体の5％にも満たないことがわかったとします。

ならば、最頻値9本に注目して分析ストーリーを考えるべきでしょう。平均値を考えるとき暗黙のうちに釣鐘型の正規分布を想定してしまいがちですが、二峰性の分布の場合や歪んだ分布の場合のほうが現実です。どういう分布型から計算された平均値かチェックすることも大切です。

さらにこの度数分布をもとに、大量購入層（Heavy）、中量（Medium）、小量（Light）と非購入の4層に世帯を分割して、これをクロス項目にするなどの分析方法（量層分析）も度数分布を見ないとできません。

このように、集計された数値だけでなく、できるだけナマのデータに近づく視点で分析することが大切です。

集計される前のデータの姿を見ることができる分布図

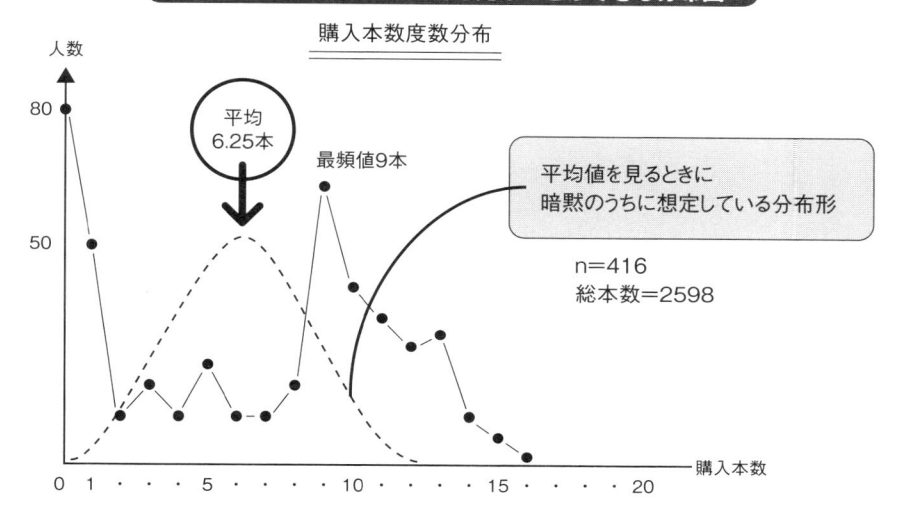

購入本数度数分布

平均 6.25本
最頻値9本
平均値を見るときに暗黙のうちに想定している分布形

n=416
総本数=2598

集計表では平均6.25本しかわからない
度数分布を見れば

- 買わない人を除いた最も人数が多いのが9本購入である
- 平均の6.25本を買った人の割合はきわめて少ない
- 最大は16本も買った人がいる

などの事実がわかる

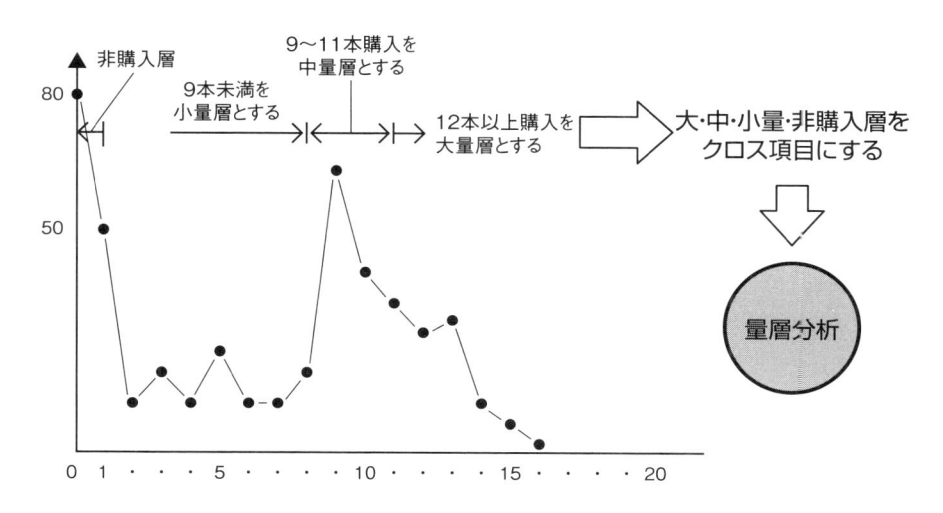

非購入層
9本未満を小量層とする
9〜11本購入を中量層とする
12本以上購入を大量層とする ⇒ 大・中・小量・非購入層をクロス項目にする

⇓

量層分析

129　第6章　インターネット・リサーチの集計・分析

Section 55 有意差検定の考え方

集計結果の差をどう考えるか

集計結果の差に重大な意味がある場合は、「有意差検定」を行う必要があるが、それ以外ではむしろ分析のストーリーの整合性のほうが大切。

● 調査目的によっては優位差検定が大切

インターネット・リサーチの分析は、集計結果の数値の大小の比較、順番の並べ替えを見ることでストーリーをつくっていきます。認知率であれば、自社ブランドを中心に競合ブランドのそれと比較するのが第一歩です。さらに男女別、地域別などで自社ブランドの数値の大小を比較してプロファイルに近いものを描き、それを競合と比較するというように進んでいきます。

このプロセスで集計結果の数値を疑う必要はありません。ストーリーに矛盾するデータが数多く出てきたらストーリーを変えて分析し直します。ですから、数値の差が有意であるか統計的に意味があるかが問題になることはあまりありません。

ただ、製品テストのように集計結果の差そのものに重大な意味がある場合は、必ず「有意差検定」を行う必要があります。たとえば、新製品の味覚テストで東京と大阪で「おいしい」という回答率に差があったとします。この結果は、東京(関東)と大阪(関西)で味覚の組成を変えるか、どちらかの地域限定発売にするか、最初から開発をやり直すか、といった意思決定を迫っていることになります。

● 棄却されることが前提の帰無仮説

有意差検定の考え方はだいぶ変わっています。まず、両者の差は偶然生まれたもので、本来は「差がない」という仮説を立てます。そして、この仮説が正しくないとして棄却されれば、製品テストの結果は「正しい＝差がある」という検定結果が得られます。このように、あらかじめ棄却されることを期待された仮説ということで「帰無仮説」と呼ばれます。

有意差検定の背景には、正規分布という釣鐘型の分布型が想定されています。両者の差が偶然かどうか何回もリサーチを繰り返したとき結果は正規分布になると考え、正規分布の裾野の部分が起こる確率を除いて帰無仮説を棄却してもよいという判定になります。

有意差検定は必要なときだけこだわればよい

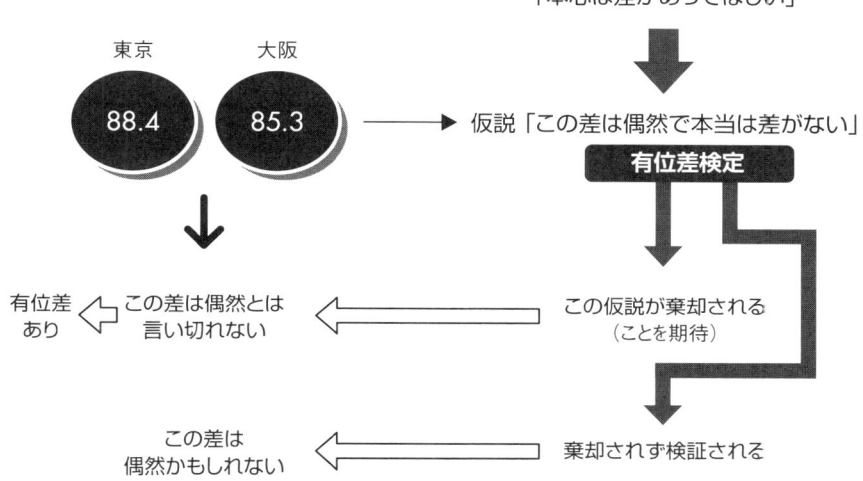

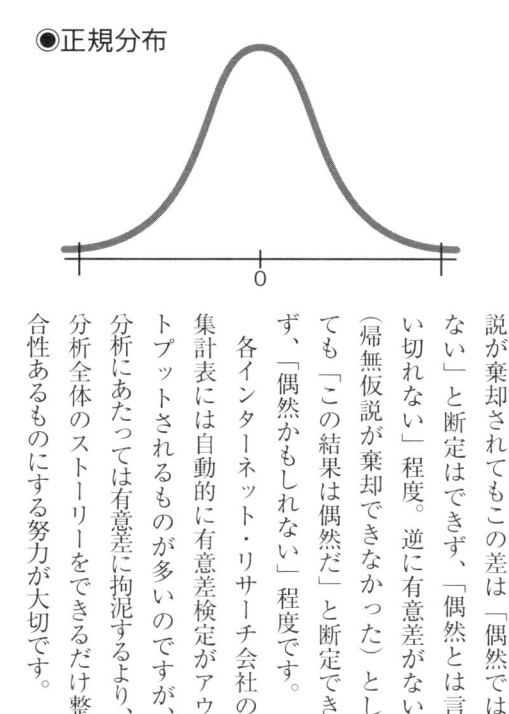

◉帰無仮説

東京 88.4　大阪 85.3

「本心は差があってほしい」

→ 仮説「この差は偶然で本当は差がない」

有位差検定

この仮説が棄却される（ことを期待） ← この差は偶然とは言い切れない ⇐ 有位差あり

棄却されず検証される → この差は偶然かもしれない

◉正規分布

この調査を無限回繰り返し実査して、裾野にあるような（異常）値が発生する確率（有意水準）は1％（5％、10％）未満である

　この裾野の部分を「有意水準」と呼んで1％、5％、10％などの数値が採用されます。医薬品や科学実験では0・1％などの厳しい有意水準が採用されますが、マーケティング・リサーチでは10％水準が多いようです。10％水準を採用すれば、帰無仮説を棄却したことが間違いだった危険性が10％あるということになります。ここで、帰無仮説が棄却されてもこの差は「偶然ではない」と断定はできず、「偶然とは言い切れない」程度。逆に有意差がない（帰無仮説が棄却できなかった）としても「この結果は偶然だ」と断定できず、「偶然かもしれない」程度です。

　各インターネット・リサーチ会社の集計表には自動的に有意差検定がアウトプットされるものが多いのですが、分析にあたっては有意差に拘泥するより、分析全体のストーリーをできるだけ整合性あるものにする努力が大切です。

Section 56

抽出比率の違いを修正する
ウェイトバック集計

抽出比率が違う場合は単純に合計できない。そのため、抽出比率の逆数をウェイト値として修正することが必要。

●抽出比率が違うと単純合計できない

「ウェイトバック集計」とは、抽出比率の違いを修正する集計方法のことです。たとえば30代未婚女性をターゲットにした製品の調査で、30代を詳しく分析したいので300サンプルを割り付け、その前後の世代も購入層なので20代と40代もそれぞれ100サンプル割り付けて500サンプルのインターネット・リサーチを実施したとします。

母集団を調べたら年代別未婚女性が20代500万人、30代300万人、40代50万人だったとします。30代の抽出比率が1/1万、20代が1/5万、40代が1/5000の抽出比率です。このとき、20～40代未婚女性の全体値を計算しようと単純合計すると20代のウェイトが大きく、40代のウェイトが小さいという歪んだ集計になります。

そこで、ウェイト値を掛けて集計します。30代を基準（「1」とする）にすると20代が1/5、40代は2倍の抽出比率になっているので、20代には「5」、40代には「1/2」のウェイト値を与えて集計することで各世代の母集団に比例した構成比とします。この

ように、ウェイト値は抽出比率の逆数を掛けます。

●クロス表分析のときにも注意が必要

このウェイト値は集計計画を立てるときにプログラムの中に組み込んでおきます。また、クロス表を分析するときにもウェイトによる歪みが生じることがあるので注意が必要です。先の例では20～40代の未婚女性を全体としま した。分析の過程で20代と30代以上の比較をしようと考えたとします。各世代のあるブランドの認知率が20％、30％、40％だったとして、30～40代の認知率を30％と40％を足して2で割って35％としてしまうようなケースです。

しかし、30代は300サンプル、40代は100サンプルですから32.5％が正しい数字です。

このように分析のときは常に集計母数、抽出比率に注意しておくことが大切です。

属性間の合計や属性の括り直しは抽出比率に注意する

●サンプル数を決める

- ●最も注目するセルのサンプル数を決める
  - ※30代女性がターゲットだからここを300サンプルにする
  - ※前後の世代を100サンプルずつ　合計500サンプル

- ●集計する

	購入率	購入者実数
20代	18.0%（100）	18
30代	40.0%（300）	120
40代	22.0%（100）	22

- ●合計する　（合計）　26.8%（500）　⇒　正しくは 160（500）　**32.0%**

  ⇩

  サンプル合計の購入率

●抽出比率、ウェイト値を求める

- ●母集団数を求める

		抽出比率		ウェイト値
20代	500万人	$\frac{1}{50000}$ = $\frac{1}{5}$		5
30代	300万人	$\frac{1}{10000}$ = 1		1
40代	50万人	$\frac{1}{5000}$ = 2		$\frac{1}{2}$
	850万人			

●拡大推計する

	購入者実数	ウェイト値	購入実数	回収数
20代	18	× 5	90	（500）
30代	120	× 1	120	（300）
40代	22	× $\frac{1}{2}$	11	（50）
	160		221	（850） ⇒ **26.0%**

⇩

母集団での購入率

Section 57

データ間の関係性を直接的に見る
相関関係と因果関係は違う

データの相関関係を因果関係とする間違いを防ぐには、生活者の常識とマーケティング知識が役立つ。

クロス表や度数分布表の形でアウトプットされます。分析者は、データの関係性から分析のストーリーを導き出し、それをマーケティング的に意味あるものとして深めていきます。このデータとデータの関係性をもっと直接的に見る方法として、散布図から「相関関係」を分析する方法があります。

相関関係は、一方のデータの変化にともなってもう一方のデータも変化する関係のことです。一方が増えるにともなってもう一方も増える関係を正の相関関係、一方が増えるにともなってもう一方が減るという反対の動きをする関係を負の相関関係といいます。この関係がすべてのデータで一致する、つまり二つのデータの変化率（増減の割合）がまったく同じなら相関係数が1となり、図に描くと一本の直線上にすべてのデータが乗ります。この直線上からズレるデータが多くなると相関係数は1より小さくなり、完全にバラバラになると相関係数はゼロとなります（相関係数は−1～0～1の値を取る）。相関関係はクロス表の分析からも発見できますが、散布図をアウトプットすれば、これを見るだけで相関関係はわかります。通常は、相関係数（回帰式）もアウトプットされます。

●因果関係の特定はむずかしい

二つのデータに相関関係があるからといって、単純に「因果関係」があると分析はできません。ビール飲用量とメタボ指数と相関が高くても、ビール飲みの原因がビールだけとは言い切れず、他のビール（ビール飲みには運動嫌いが多い）の可能性も検討（調査）する必要があります。

リサーチデータの分析では、マーケティング知識を豊富にもつことによってこうした失敗の多くは避けられます。

●散布図から相関関係を分析する

リサーチの分析は、集計されたデータの大小関係の比較と、大きい順小さい順にデータを並べ替えて見ることによって進めます。そして、データは、

集計データだけに集中しないでマーケティング知識でデータを見る

相関図

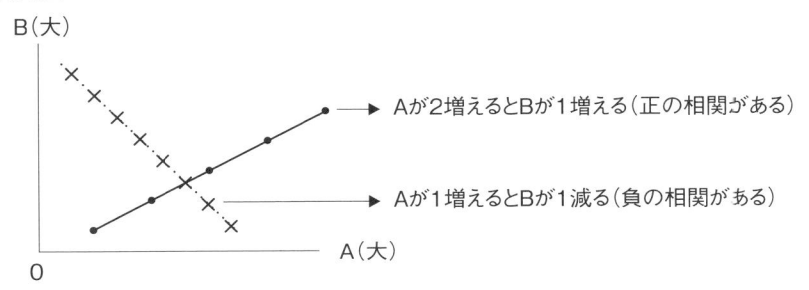

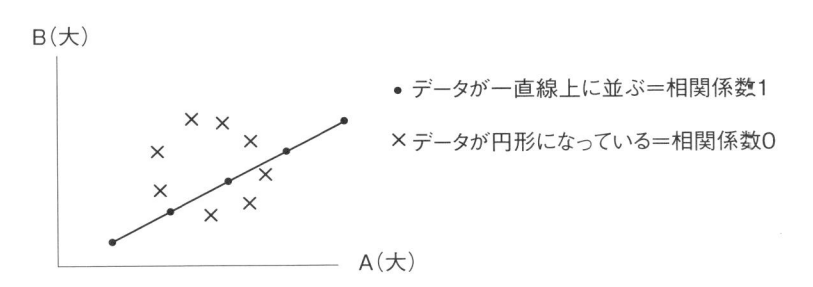

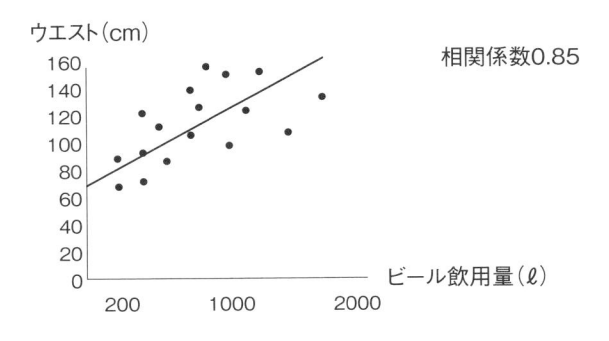

B（大）

→ Aが2増えるとBが1増える（正の相関がある）

→ Aが1増えるとBが1減る（負の相関がある）

A（大）

B（大）

● データが一直線上に並ぶ＝相関係数1

× データが円形になっている＝相関係数0

A（大）

ウエスト（cm）

相関係数0.85

ビール飲用量（ℓ）

ビール飲用量とウエスト（メタボ指数）は相関がある

↓

ビールはメタボの原因である　← これは言い切れない

Section 58

二つを組み合わせることで分析や予測が可能

横断的分析と時系列分析

継続的な活動を一時点で輪切りにした横断的分析に対して、時間経過によるデータの変化を捉える時系列分析がある。

ある時点の状況を示す横断的分析

マーケティング活動は継続的です。新製品の発売イベントなど一過性の活動もマーケティング全体で位置付ければ昨日も今日も明日も明後日も続く継続的な活動の一環です。マーケティング・リサーチでこの活動全般を常にモニターすることは不可能です。継続する活動をある一時点で切り取ったものがリサーチ結果です。テレビCMやインターネット広告によって製品の認知率は常に動いており、リサーチで把握できるのはあるときのある集団の認知率だけです。

ほとんどのリサーチの分析は「横断的分析」になります。継続的なマーケティング活動をある時点で輪切りにして、そこに現れた模様（データ）を分析するという意味で横断的なのです。

ここからリサーチにはスピードが要求されます。1か月前や1週間前の製品の認知率がわかってもマーケティング上意味がなくなる場合があります。現時点というのは極端としてもデータはより近いものが価値が高いと一般的にいえます。そこでスピードの速いインターネット・リサーチが活躍するのです。

傾向を把握する時系列分析

一方、データの分析で重要な大小の比較は、横断的だけでなく前期との比較ができれば分析が深くなります。1週間前、1か月前、前年より大きくなったか小さくなったかがわかれば、マーケティング戦略の立案や評価に役立ちます。これを毎週、毎月、毎年定期的に調査し、そのデータの傾向を分析することを「時系列分析」といいます。インターネット・リサーチでも週、月、年単位で同じ調査を実施すれば時系列分析のデータが得られます。調査内容だけでなく調査対象まで同じにしたパネル調査も、時系列分析できます。

時系列分析は傾向（トレンド）がわかるので季節的な動きなどが把握でき、市場の予測に使える利点があります。時系列の動きに大きな変動があったとき、横断的分析と組み合わせることでより精度の高い分析や予測ができます。

常に変化しているマーケットをある時点で切り出したのが横断分析

◉マーケットの姿・形は刻々と変化している

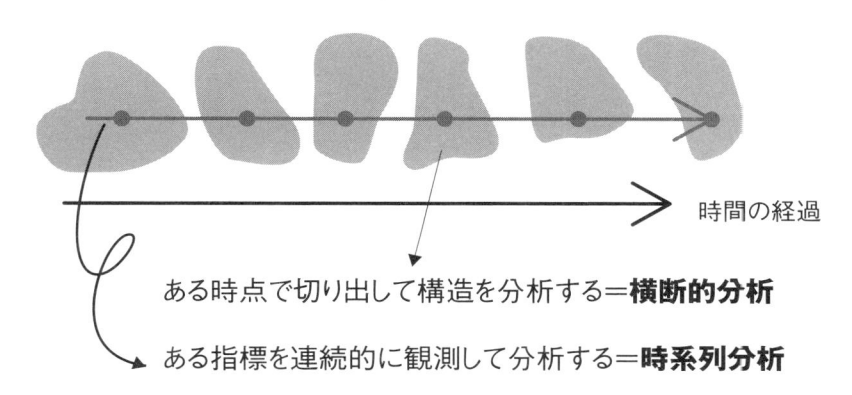

時間の経過

ある時点で切り出して構造を分析する＝**横断的分析**

ある指標を連続的に観測して分析する＝**時系列分析**

◉横断的分析

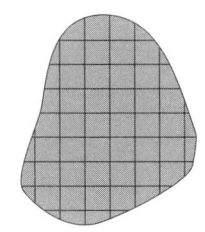

- ある時点のマーケットの構造を細部にわたって分析できる
- 動き（変化）よりも構造に注目する

◉時系列分析

- （できれば）等間隔で同一の指標をリサーチする
- 前年同期比などがわかる
- 構造よりも動き（変化）に注目する

Section 59

膨大なデータを一度に使って分析する

多変量解析の使い方

多変量解析の解析手法は、目的変数（外的基準）がある手法とない手法、解析に使うデータが、量データかカテゴリーデータかによって分けられる。

●数多く出てくるクロス表データ

インターネット・リサーチの分析はクロス表を使って行います。通常は二重クロスですが、多重クロスを使ってより細かい分析も行います（53項参照）。リサーチの規模によって違いますが、1回の調査で多くのクロス表が出てきます。20問の調査票で基本属性の性別・年齢・職業・地域でクロスしても最低80枚のクロス表がアウトプットされます。これら膨大なデータのすべてを一度に使って分析しようというのが「多変量解析」です。

もちろん、集めたデータを闇雲に入れて解析すればよいわけではありません。分析目的によってデータを選別したり、データ収集段階から解析手法に合致したデータセットを収集するなどの事前準備が必要です。解析手法はたくさんありますが、目的変数（外的基準ともいう）がある手法とない手法、解析に使うデータが量データかカテゴリーデータかによって分けられます。

●多変量解析の手法にはいろいろある

目的変数があって量データを扱う手法として「重回帰分析」があります。簡単にいうと、広告投下量、販促費用、営業マンの人数などの量データから、来年の販売量を解析的に予測するという内容になります。

目的変数がなくて扱うデータが数量である手法として「因子分析」「主成分分析」があります。これらは、たくさんのデータの中から新しい関係性や説明軸を抽出するものです。算数、国語、理科、社会の得点のデータから、文章読解力などの新しい説明軸（因子）を解析的に出すという例でよく説明されます。目的変数が数量で説明変数がカテゴリーデータの手法として「AID分析」「数量化Ⅰ類」などがあります。

インターネット・リサーチでは「コレスポンデンス分析」が使いやすい多変量解析手法です。リサーチ設計のときは使うことを考えていなくても、クロス表がアウトプットされた後、そのクロス表をデータとして使える手法な

多変量解析の手法をよく理解して設計段階で使用検討するとよい

● 多変量解析のイメージ

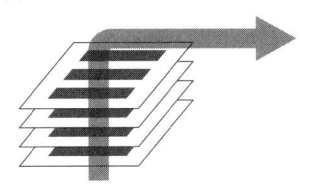

たくさんのクロス表（変数）を串し刺しにして一度に分析する

● 多変量解析の効用

- たくさんの変数を使って総合的に販売予測ができる ━━▶ 重回帰分析
- たくさんの変数から新しい説明軸（因子）を抽出する ━━▶ 因子分析
  主成分分析
- 販売量に影響する要因をたくさんのカテゴリーデータから求める ━━▶ AID分析
- 新製品の初期販売量から成功・失敗のいずれかを判断する ━━▶ 判別分析

● よく使われるコレスポンデンス分析

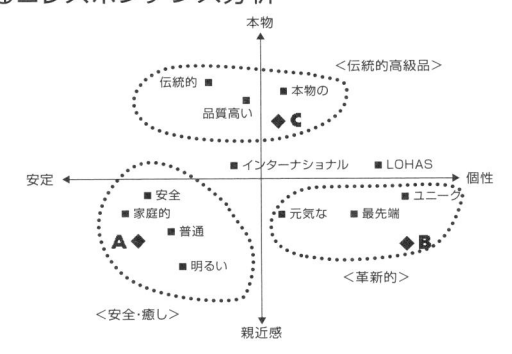

本物
＜伝統的高級品＞
伝統的　本物の
品質高い
◆C
インターナショナル　LOHAS
安定 ←　　　　　　　　　　　　　　　　　　→ 個性
安全　　　　　　　ユニーク
家庭的　　　元気な　最先端
普通
A◆　　　　　　　　　◆B
明るい
＜革新的＞
＜安全・癒し＞
親近感

ので便利です。

たとえば、ABC3ブランドのブランドイメージを15項目にわたって調査したクロス表から、2軸の座標空間上に表頭・表側の項目名とともにアウトプットされます。この図から2軸の意味を読み取っていけば、ポジショニングマップが得られます。

ここで留意すべきは、多変量解析といっても魔法の杖ではないことです。コレスポンデンス分析でいえば、軸の解釈は分析者の分析能力によって違います。さらに使うクロス表のデータも、ゼロだけのデータセットは除いたり極端に小さい数値だけの処理が必要です。

多変量解析は一度に膨大な計算量が必要なため、一般のリサーチの分析で使うことは少なかったのですが、コンピュータの発達によって日常的に使えるようになりました。

Section 60

蓄積された大量データを分析する
データマイニング

分析の目的もなく集められたデータの山（鉱山）から、新しい鉱脈を発見する方法。

● とりあえず蓄積される大量データ

インターネット・リサーチをはじめマーケティング・リサーチは、ある目的をもってデータを収集します。一方で、コンピュータとインターネットの発達によってとくに分析の目的はなくても大量のデータが蓄積されます。当初は店の管理のために収集していたPOS（販売時点）データは、一つのチェーンだけでも1日に数百万、数千万が収集されます。しかも、製品ごとの購入日時、購入店、購入個数、購入金額、購入者属性（レジ担当者の観察かインストアカードのカード記録）と詳しいデータが収集されています。こうした大量に蓄積されたデータを分析しようというのが、「データマイニング」の発想です。

● 新しい知識＝発見の連鎖ができる

POSデータの分析では「バスケット分析」が有名です。POSデータのレジ通過1回を1個人と考えて、それぞれを買い物かご（バスケット）とします。バスケットごとに一緒に入っている商品のペアを数えます。5個買ったバスケットの中の組合せは10ペアで、ペアごとの出現頻度を集計して数が多い順に並べます。その結果、「缶ビールと紙オムツ」の組合せが最も多かったという結果が出たそうです。

さらにビール・紙オムツのペアはほかのどのペアとの出現頻度が高いか、属性別に見たらどうか、天気別、季節別、さらに時系列ではなどと分析を進めていくことができます。こうすることで新しい「知識＝発見」の連鎖ができる可能性が生まれます。

データマイニングの分析結果は、店頭陳列（紙オムツの隣りに缶ビールを置く）や個別のDM送付（A商品を買った人にB商品のカタログを送る）など、マーケティングに役立つ可能性があります。

データマイニングは発見的、探索的分析手法です。「新しい気づき・発見」があったかどうかが重要なので、試行錯誤が必要です。

膨大なデータを蓄積することでデータマイニングが可能になった

◉データマイニングと多変量解析の違い

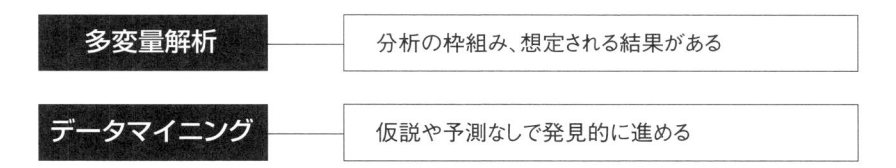

| 多変量解析 | — | 分析の枠組み、想定される結果がある |

| データマイニング | — | 仮説や予測なしで発見的に進める |

◉マーケティングの膨大なデータ

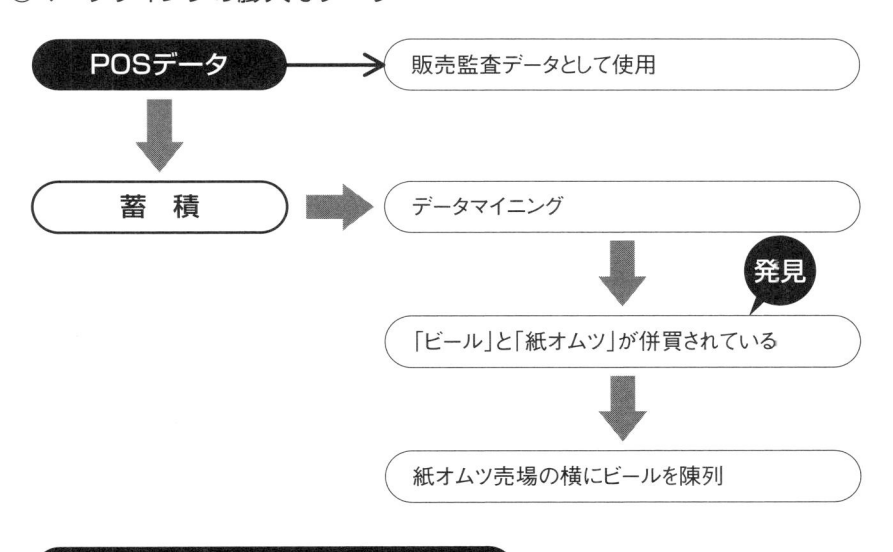

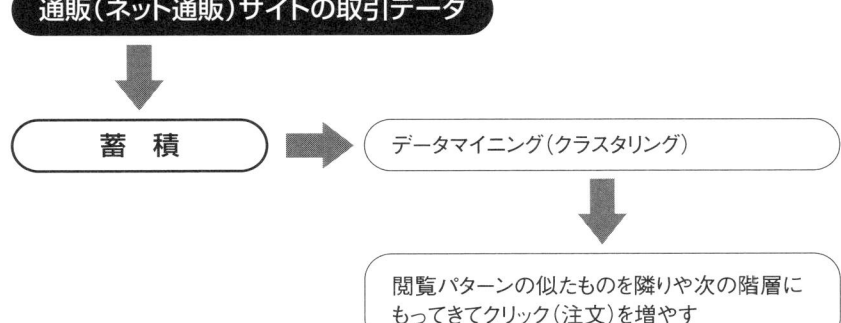

POSデータ ➡ 販売監査データとして使用

⬇

蓄 積 ➡ データマイニング

⬇ 発見

「ビール」と「紙オムツ」が併買されている

⬇

紙オムツ売場の横にビールを陳列

通販(ネット通販)サイトの取引データ

⬇

蓄 積 ➡ データマイニング(クラスタリング)

⬇

閲覧パターンの似たものを隣りや次の階層にもってきてクリック(注文)を増やす

Internet Research

7章
インターネット・リサーチの報告書

- Section61　報告のタイミング
- Section62　報告書の構成
- Section63　報告書の用語
- Section64　結論・提言の書き方
- Section65　グラフの描き方と特性
- Section66　消費者行動モデル
- Section67　最寄り品と買回り品
- Section68　報告書の表現テクニック
- Section69　認知的不協和とは
- Section70　報告会、プレゼンテーションのやり方

Section 61

報告のタイミング

報告が終わってリサーチ業務が完了する

リサーチ結果の報告は、マーケティング活動全体の進捗に合わせることが重要。スピードが特性のインターネット・リサーチでは、報告にもスピードが要求される。

●報告レベルでタイミングも変わる

マーケティング活動は時間の経過とともに刻々と変化します。マーケティング・リサーチも同じ時間の経過の中にあるので、リサーチ結果を報告するタイミングが非常に重要です。新製品のコンセプトチェックのリサーチ結果が、その新製品の発売を決めた後に出てきてもほとんど使えません。

報告のタイミングやスピードは報告内容（レベル）と関係します。とりあえずある集計値、たとえば1週間前から開始したテレビCMの認知率を知りたいというレベルであれば、GT表（51項参照）の数値をそのまま報告すればよいので、回収が終われば時間差なく報告できます。一方で、クロス表とは別にグラフ・チャートを作成し、各ページにコメントを書き、分析結果や結果の要約までを書く報告書になるとそれなりの日程が必要になります。

●報告を2段階に分けることも

報告書作成は人手による部分が大きいので日数がかかります。そこで、トップラインレポートとして結果の要約的なものを先に報告し、その後にフルレポートを報告するという2段階の報告タイミングもあります。トップラインレポートはクロス表だけから書く場合が多いので、モレなく分析するより、ポイントとなる部分をはっきりと記述する必要があります。目的に合った主要な数値と結果を俯瞰できるグラフやチャートを1枚程度にまとめます。

フルレポートは膨大な枚数になるので、全体計画を立てて手分けして作成します。ワード、エクセル、パワーポイントのどのアプリケーションソフトを使うか、各ページのフォーマットをどうするか、基本的にはどのタイプのグラフをつくるかを決めて一斉に作業することが大切です。さらに、最後に数値やグラフのチェックを行います。

インターネット・リサーチの特性の一つはスピードです。リサーチは報告までで一つの業務が完了するわけですから、報告にもスピードが必要です。

144

報告は内容だけでなく、スピードとタイミングが重要

◉新製品開発の流れ

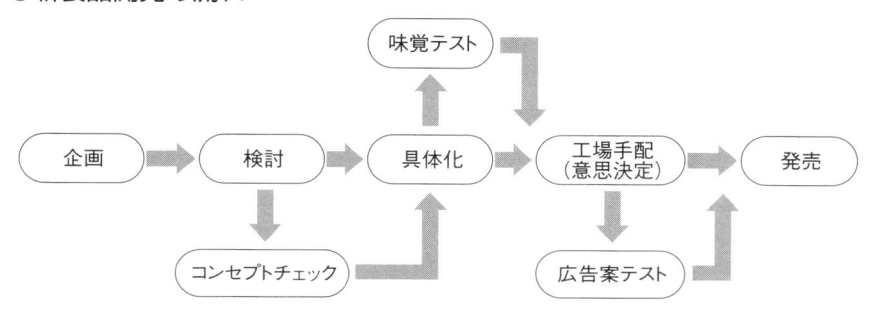

```
                    味覚テスト
                      ↑ ↓
企画 → 検討 → 具体化 → 工場手配    → 発売
         ↓      ↑     (意思決定)
                       ↓
    コンセプトチェック  広告案テスト
```

- ●コンセプトチェック調査は具体化作業の前に報告されないと意味がない
- ●味覚テスト結果は工場（原材料）手配の前に必要
- ●広告案テストも広告制作に入る前に必要

◉トップラインレポート

- ●A4 1枚～2枚が原則
- ●主要なリサーチ結果を記述（最も重要な調査目的に対する結果報告）
- ●チャートや数表は一つか二つにしぼる（チャートより数表がわかりやすい）

◉フルレポート

- ●すべての質問文に対する数表かチャートを載せる
- ●数表・チャートの体裁はできるだけ統一する（使用ソフト、グラフの種類）
- ●数値、グラフのチェックを行う
- ●プリントアウト（書類として残す）かファイル保存かを決める

Section 62

決まったフォーマットでファイルしておく
報告書の構成

必ずしも印刷製本の必要はないが、調査結果の報告に加えて、次回調査のための資料にもなるので、必ず報告書を作成する。

● リサーチごとに報告書は必ず作成

インターネット・リサーチでは、企画から報告まで1枚も紙のやりとりをせずに業務が完了することもあります。報告書も電子ファイルだけで、紙の報告書がない場合のほうが多いかもしれません。しかも、報告書のレベルによっては書類の形になりにくいものもあります（前項参照）。そうした場合も、報告書のフォーマットを決めてファイルしておくことが大切です。

● 報告すべき要素とは

報告内容がフルレポートであるとして、報告書の構成を見ていきます。まず重要なのが、表紙、タイトルです（40項参照）。次のページは目次で、目次は報告書作成の最後につくります。報告書作成ソフトでは自動的に目次が作成されます。次が調査概要で、企画書の背景、目的、サンプル数などをコピー&ペーストで作成できます。ここまでは、企画書がしっかりできていれば、問題なく進行します。

次に結果の要約があります。これはトップラインレポートの内容そのままでもかまいませんが、A4サイズ1枚、多くても2枚程度にまとめないと「要約」にはなりません。次が結果の詳細です。基本的に調査票の質問文の順に沿って書いていきます。グラフや数表に数行のコメントを付けていきます。このとき、あらゆるグラフ・数表にコメントを付けようとすると、単に数表の数値を書き出すだけだったり、繰り返しのコメントが多くなってしまいます。メリハリの効いたコメントを目指して、不要なコメントは校正の段階で削除するくらいでちょうどよくなります。

最後にOA（49項参照）の書き抜き一覧を載せます。アフターコーディングして集計したなら一覧は必要ありません。調査票（質問文）や使った調査素材（製品写真など）も載せておくと、結果の詳細を読むときに役立ちます。

報告書は、調査結果の報告とともに次回調査のための資料にもなるという視点で作成することが大切です。

146

> 報告書は次回の調査企画の資料にもなる

●報告書（フルレポート）の構成

表　紙

```
商品企画部 御中

「新製品（開発コードⅩⅡ）開発のための
ターゲットのニーズ調査（首都圏）」

                    2009年10月2日
                      調査企画部
                    ㈱○○○○○
```

Ⅰ　調査概要

1. 調査の背景
2. 調査目的
3. 調査方法　　　｝企画書の内容をそのまま
4. 調査項目
5. 調査日程　→　実際の日程を記入
6. 調査スタッフ　→　予算は削除する

Ⅱ　結論（結果の要約）

- ●トップラインレポートの内容
- ・各調査目的に対する結果
- ●調査結果からの提言（提言内容は依頼者と事前にすり合わせる）

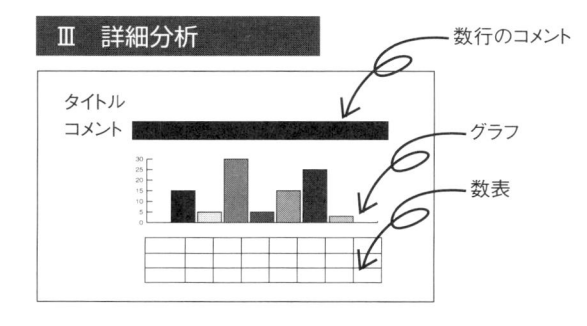

Ⅲ　詳細分析

タイトル
コメント

- 数行のコメント
- グラフ
- 数表

Ⅳ　資料

- ●調査票のファイル
  （提示した選択肢や製品写真を含む）
- ●OA書き抜き

Section 63

用語統一で読み手の誤解を防ぐ
報告書の用語

報告書では、使う用語を自社内の表現に統一し、調査票で使った用語は報告書では自社内用語に変換する。

● 自社内で使われるコトバを使う

報告書に限らず、同じ文書中の用語は統一すべきです。報告書では自社の表現に統一することと、調査票用語を報告書用語に変換することが重要です。

自社の表現に統一するとは、自社内で流通するコトバを使うということです。製品名をコードで表したり、エリア名を支店名で表したりしますが、どちらかを採用したら最後まで統一して使います。やむを得ない場合は、注意書きを入れます。「名古屋支店のJO1の認知率は、他の支店よりも高い」という記述にしたら、特別な場合を除いて最後まで製品名は社内コード、地域は支店名で統一すべきでしょう。

ただ、自社内で消費者を「顧客」と呼んでいても、報告書では避けるべきです。自社製品を買っている消費者という意味で顧客と表現してもよいですが、消費者全体を顧客と呼ぶのはふさわしくありません。社内では耳慣れないコトバでも、消費者全体を表すときは「消費者」と表現したほうがよいでしょう。その他に「生活者」「対象者」という言い方もありますから、報告書は報告書用語に統一することが重要です。

● 調査票用語はわかりやすさが優先

調査票では対象者にわかりやすく誤解のない表現を使います。認知を訊くのに、「あなたが認知しているブランドをご存じの～」と訊きますが、報告書では認知ブランド、認知率という表現に換えます。ここでも、認知率と知名率のどちらが通りがいいか、で決めます。純粋想起というか非助成想起というかも社内の慣習に従います。

「です・ます」か「である」かの統一もしっかりしておきます。この言い切り方に関連して集計結果の記述か、そこから出てきた結論や仮説かの区別をはっきりさせます。分析者の解釈にもかかわらず、「である・です」と言い切ることは避けるべきです。「考えられる」「と解釈できる」「判断できる」などが適当でしょう。

の最初で決めておくのがよいでしょう。

報告書の表現（コトバ）に慣れる

◉表現の統一

- ●「です・ます」と「である」を混同しない
- ●用語を統一する。たとえば、「男女別で見ると」「性別に見ると」の混同など

◉コトバの意味内容を報告書内で定義付ける

- ●たとえば、「顧客」ではなく「消費者」を使うとき、「消費者は自社の顧客以外も含めた広い概念で使っている」と定義
- ●「自家用車市場」＝業務用を除く1600cc以上のセダンタイプと定義

◉事実の表記か、分析者の解釈かがわかるように

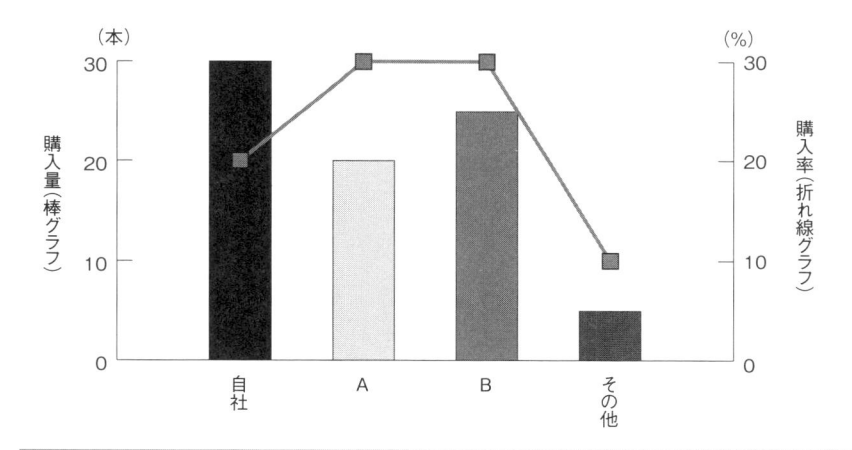

（棒グラフ：購入量（本）　自社 30、A 20、B 25、その他 5）
（折れ線グラフ：購入率（％）　自社 20、A 30、B 30、その他 10）

- ●競合A、Bに比べて購入率は低い　→　事実
- ●平均購入本数はトップである　→　事実
- ●購入者あたりの購入本数が多い　→　事実
- ●ロイヤルユーザーが多い（と考えられる）（といえる）　→　解釈

Section 64

調査結果を総括し、それをどう活かすか
結論・提言の書き方

結論は調査結果の要約の要約。調査目的に沿って客観的な事実を伝え、提言はさらに突っ込んだ内容にする。

● 報告書に不要でも常に意識しておく

インターネット・リサーチはスピードが重視されることもあって、報告書に「結論・提言」がない場合もあります。ただ、マーケティングの中でリサーチがどのような役割を果たしているかをリサーチャーとして確認するためにも、「結論・提言」を考えながらデータ分析をする必要があります。

調査目的が市場の実態の把握であれば、わかった事実や数値間の比較であり、ある数値のマーケティング的判断、調査目的が A 案か B 案の判断であれば、その判断が結論になるのではっきりと判断して理由をいくつか挙げます。

いくつかのクロス表を串刺しにして、「全体を通して何が言えそうか（結論）」、さらにリサーチ結果以外のマーケティング知識も動員して、「その結論から自分ならばどういった提案をするか」を考えるクセをつけることです。

● 調査目的によって書き方が異なる

結論は、調査結果の要約（前項参照）の要約といった書き方をします。結果の要約は、たくさん出たクロス表の数表やグラフの中から主要なものを選び出すことです。主要かどうかの基準は調査目的にしたがって判断します。

調査目的が市場の実態の把握であれば、わかった事実や数値間の比較であり、ある数値のマーケティング的判断、「成果が上がった」「競合優位性がある」などの表現は避けるべきです。

調査目的が A 案か B 案の判断であれば、その判断が結論になるのではっきりと判断して理由をいくつか挙げます。

データの羅列だけでは結論とはいえません。注意点はデータだけからの判断にすべきで、分析者の好みや希望を入り込ませないことです。調査依頼者への配慮はある程度すべきですが行き過ぎないようにしましょう。

結論はリサーチデータの中だけで完結しますが、提言は分析者のマーケティング知識が必要になります。提言はクライアントが採用可能な内容であることが第一です。コストや体制から採用できないものは「絵に描いた餅」です。さらに、クライアントが過去採用した戦略の焼き直しにならないように注意します。いずれにしろ、提言を書くときは、担当者との事前のすり合わせが必要です。

結論・提言は、あくまでも調査目的に沿って書く

◉結論

- 調査目的が達成されたか（明らかになったか）
- （明らかになった場合）それはどんな内容か
- （明らかにならなかった場合）その理由・原因は何か。次にどんな調査が必要か
- あくまでもリサーチ結果の中で完結させる

◉調査目的にはなかった新しい発見があった場合

- 結論には書かずに付帯事項で新しい仮説として書く

◉提言

- リサーチ結果とマーケティング知識を活かして書く
- クライアントの事情（制約条件）をある程度考慮して書く

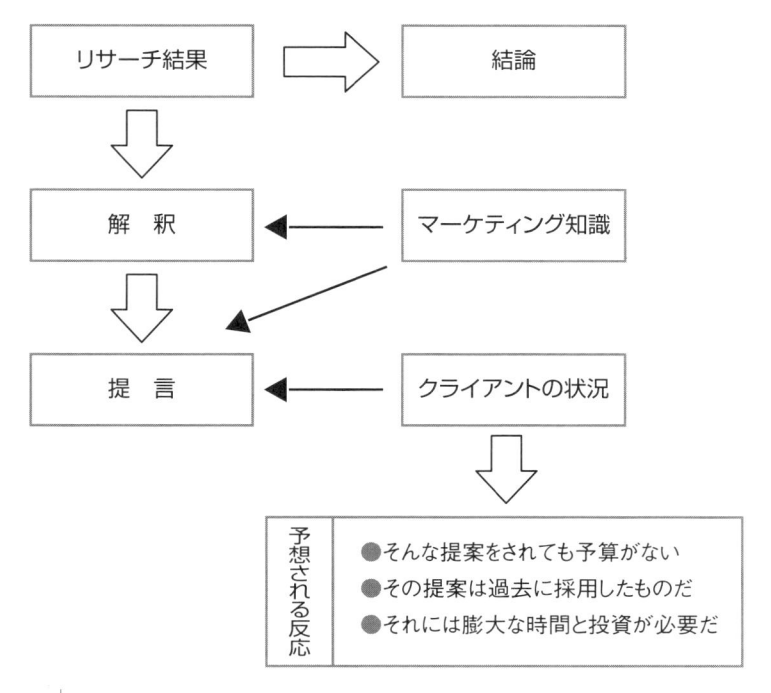

```
リサーチ結果  ⇒  結論
     ↓
    解　釈  ←  マーケティング知識
     ↓
    提　言  ←  クライアントの状況
                    ↓
         予想される反応
          ● そんな提案をされても予算がない
          ● その提案は過去に採用したものだ
          ● それには膨大な時間と投資が必要だ
```

Section 65

各グラフの特性を知り分析目的に合ったものを使う
グラフの描き方と特性

グラフ化することで理解しやすくなるものと誤解されるものがある。グラフ作成ソフトで処理できるが、グラフを読み取るセンスを磨くためにも手描きしてみる。

って自分でつくります。いずれにしろ、自分で手描きすることはほとんどなくなりました。ただ、グラフを読み取るセンスを磨くためにも、グラフ用紙に手描きしてみることをお薦めします。

手描きしてわかることは、原点と目盛りの刻みの決め方が重要だということと（円グラフなど構成比グラフは除く）です。たとえば、ABCの3ブランドの購入本数A＝198・7本、B＝196・6本、C＝197・9本を棒グラフにするとき、原点0、最大値200本で表示すると3ブランドの差が識別できず、グラフ化する意味がなくなります。そこで原点は0のまま、波線で区切って仮の原点を195本として最大値200本でグラフ化すれば、3ブランドの差が強調されます。

このようなグラフの解釈のときには注意が必要です。原点0、最大200のグラフでは「大きな差はない」とな

りますし、仮の原点のグラフなら「自社CはAに負け、Bには勝っている」とコメントしそうです。分析の目的が平均購入本数の差であれば後者でよいのですが、購入本数は「確認」のためだけなら後者は余計な誤解を与える危険が大きいといえます。

●分析目的に合った特性のグラフを

グラフには集計母数を表示します。n＝20とn＝200ではグラフの信頼度が大きく異なります。棒グラフ、折れ線グラフ、帯グラフ、円グラフなどが代表的なグラフです。帯や円グラフの構成比グラフは、ある項目が95％を占め、その他5項目が残り5％にひしめくような場合はグラフ化の意味はほとんどありません。その他、散布図やレーダーチャートなどもよく使います。

さらに、箱ひげ図など、ある分析に特化したグラフもあります。自分たちの分析目的に合ったグラフを採用します。

●原点と目盛りの刻みの決め方が重要

インターネット・リサーチ会社が提供する集計ソフトのほとんどは、グラフ作成機能付きです。それにないグラフは、エクセルなどのグラフ機能を使

> データを見やすくすることは誤解させることになる場合もあるので注意

●なぜグラフ化するか

- ●数表の数値を読み取って比較・検討・解釈するには限界がある
- ●グラフ化で全体の状況がひと目で理解できる
- ●報告書が見やすく(美しく)なる(数値の羅列は見づらい)

●グラフ化の注意事項

- ●グラフのベースは明記する(実数、平均値、率)(人、金額、量、etc)
- ●原点(0)と最大値(グラフの目盛)は必ず表記する
- ●集計に使ったサンプル数(母数)も必ず表記する(たとえばn=3600)

●誤解を招きやすいグラフ化

- ●差を強調するために目盛を極端に細かくする

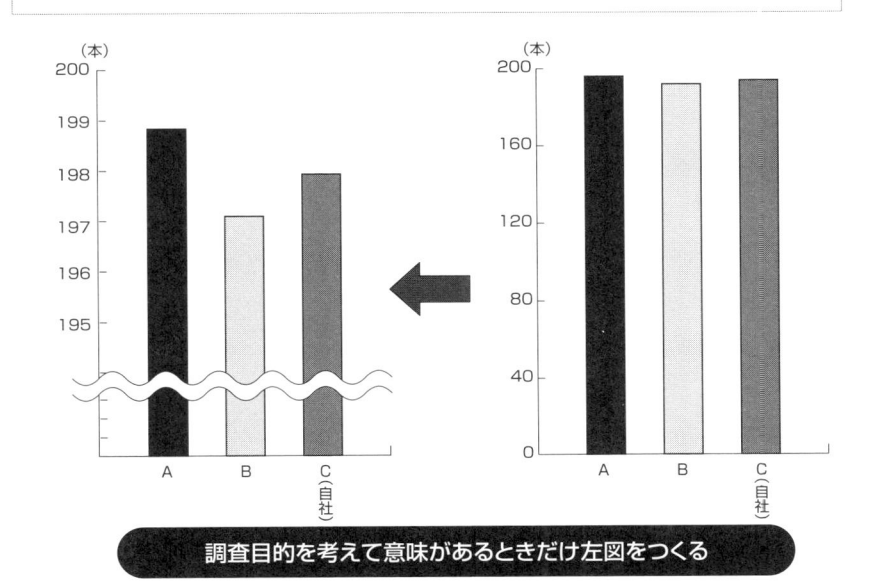

（左図）
(本)
200
199　A:198.9
198　　　　　C:197.9
197　　B:197.1
196
195
　　　A　B　C(自社)

（右図）
(本)
200
160
120
80
40
0
　　A　B　C(自社)

> 調査目的を考えて意味があるときだけ左図をつくる

Section 66

報告書のストーリーづくりの参考になる
消費者行動モデル

報告書のストーリーづくりの参考になるのが消費者行動モデル。分析しているデータがこのモデルのどの部分なのかを意識することで、データ全体を俯瞰できる。

●古くて一般的なAIDMA

報告書はクロス表のデータに基づいて書きます。データを読み込み、データとデータの関係性からストーリーをつくっていきます。ストーリーづくりに参考になるのが消費者行動モデルです。いろいろなモデルがありますが、最も古くて一般的なのが「AIDMA（アイドマ）」と呼ばれるモデルです。

消費者の購買行動を「Attention（注意）→ Interest（関心）→ Desire（欲求）→ Memory（記憶）→ Action（行動）」の5段階に分解し、この順序で購買行動が起こるとするモデルです。「CM等で注意を引きつけられ、商品に関心をもち、ほしいと思い、店に行って買う」というプロセスです。

●データ全体を俯瞰する助けになる

このモデルに忠実にしたがって報告書を書くことはできませんが、分析しているデータがこのモデルのどの部分なのかを意識することで、データ全体を俯瞰することができます。

たとえば認知率のデータを見るときは広告の認知であればAttentionの段階、ブランド名であればInterest、購入意向ならDesireといえます。ここでMemoryがデータとはうまく連動しません。そこでMemoryではなくConviction（確信）とする「AIDCA（アイドカ）」というモデルも提唱されています。Convictionであればブランドロイヤルティに近い概念といえます。

AIDMAモデルをインターネットの時代に合わせた「AISAS」というモデルも提唱されています。商品情報をSearch（検索）して購入し、その商品の評価を口コミサイトなどでShare（共有）するというモデルです。このShare部分をコントロールできれば「口コミ効果」が期待できます。

このように、消費者行動モデルの図式を想定しながら分析していくことで、報告書全体のストーリーがつくりやすくなります。ただ、このモデルは記述的モデルですから、データを当てはめることはできません。

消費者行動モデルは分析・提言の参考に使う

◉いろいろな消費者行動モデル

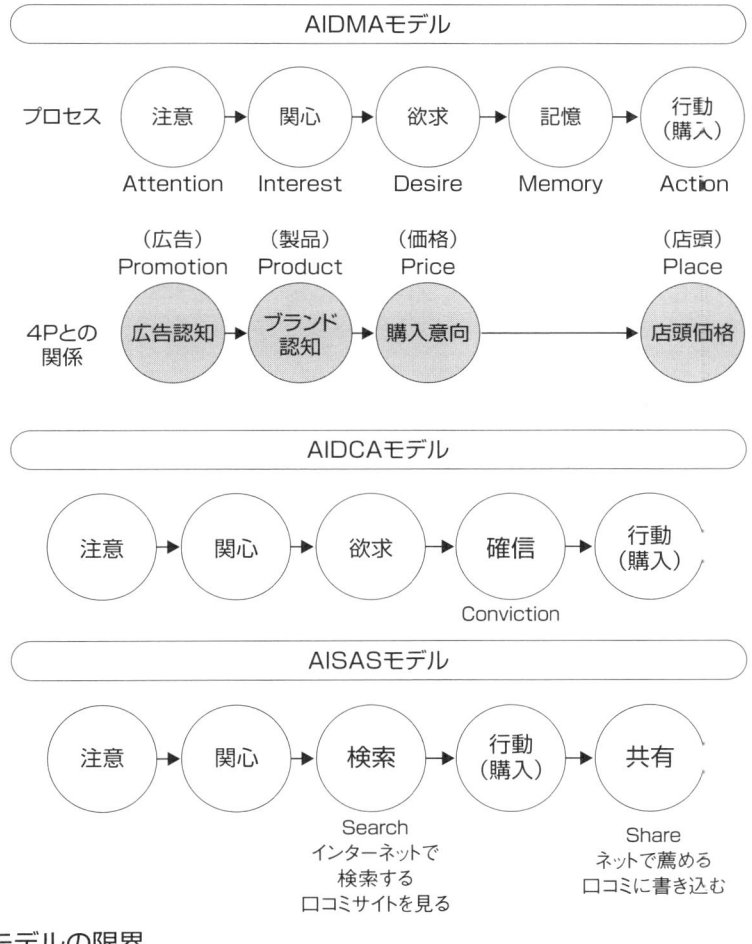

AIDMAモデル

プロセス	注意	関心	欲求	記憶	行動（購入）
	Attention	Interest	Desire	Memory	Action
	（広告）Promotion	（製品）Product	（価格）Price		（店頭）Place
4Pとの関係	広告認知	ブランド認知	購入意向		店頭価格

AIDCAモデル

注意 → 関心 → 欲求 → 確信（Conviction） → 行動（購入）

AISASモデル

注意 → 関心 → 検索 → 行動（購入） → 共有

- 検索 Search：インターネットで検索する／口コミサイトを見る
- 共有 Share：ネットで薦める／口コミに書き込む

◉モデルの限界

- 記述モデルであるからシミュレーションはできない
- 消費者行動は線型ではない（複雑である）

※AISASは電通が提案したモデル

Section 67

市場分析時に必要となる視点
最寄り品と買回り品

分析するときに、買回りか最寄りかという商品の二つの方向性を意識した視点をもつと分析しやすくなる。

と買回り品」の区別を意識すると分析やコメントがしやすくなります。

最寄り品とは、手近にある商品を買って問題ないと消費者が暗黙のうちに認識している商品のことです。最寄りの自販機に気に入ったブランドがなくても適当に選んだほかの商品でも満足できる飲料などがその例です。

その特徴は、ブランド間の差違が認識されず価格がブランド選択の唯一の決め手になることです。AとBという豆腐が、味、食感、容量でまったく同じと思われていれば、1円でも安いほうを買うのが合理的な消費者です。そこで、販売側は豆腐の原材料の大豆を国産に限定するなど新たな「差別化」を図ろうとし、それがうまくいっているかをリサーチするということになります。この視点があって分析・報告書を作成するのと、ないままで作成するのとでは質が大きく違ってきます。

● 価格が選択の決め手となる最寄り品

インターネット・リサーチでは、サービスを含む商品をテーマとして一般消費者に質問するパターンがほとんどです。報告書を書くときに「最寄り品

● 買回り品はブランド差別性が強い

買回り品は、この店、あの店、いろいろなサイトを、目的のブランドを求めて買回るような商品をいいます。先の例で、最寄りの自販機に気に入ったブランドがなければ、ほかの自販機やコンビニを探すというものです。買回り品はブランドの差別性（味が明らかに違う、好きなど）が認識されているものか、消費者の知識が不足していてブランド選択がしづらいもの（車やパソコンなどのメカ商品や住宅）のどちらかになります。

そして、ほとんどの商品は買回り品から最寄り品になっていく「圧力」を市場から受けています。パソコンの深い知識はなくても、使ってみれば「どれも同じ」で、次に買うときは安いものを選ぶとなる傾向です。自分が分析している市場がどちらの市場かという視点をもつことも大切です。

ほとんどの商品が買回り品から最寄り品に変わる圧力を受けている

◉買回り品

> ●カタログで機能・性能・デザインを比較する
> ●インターネットで検索して情報収集する
> ●メーカーやブランドへの信頼性に差があると思われている
> ●簡単に買換えができない(面倒)と思われている
> ●(買い物に)失敗したくないと思われている(失敗すると損害が大きい)

◉最寄り品

> ●機能・性能・デザインはどれも同じ(いつもと同じ)と思われている
> ●情報収集しても新しい情報はないと思われている
> ●どのメーカー・ブランドでも基本的に同じと思われている
> 　(メーカー、ブランドを知らない)
> ●使えなかったら(おいしくなかったら)、次は別のものにすればいい
> ●それほど経済的負担は大きくない(安いと思われている)

◉買回り品から最寄り品への圧力(コモディティ化)

> ●基本機能・性能だけで評価されるようになる
> ●メーカー間の技術力の差がなくなる
> ●大量生産で価格が低下する
> ●デザインに個性がなくなる

Section 68

表現の仕方で報告内容の説得力が異なる

報告書の表現テクニック

インターネット・リサーチの報告書には独特の表現があり、表現の仕方によっては報告内容の説得力が違うなどの影響も出てくることがある。

● 消費者の誤解や思い込みは「消費者の認知バイアス」

新製品の認知経路の回答で、テレビ広告をやらなかったのにテレビCMを見たと回答されることがよくあります。

この場合、この回答肢を外しておきたいのですが、ほかとの関係で入れておかざるを得ないことがあります。この誤回答は、「自分はいつもCMを見ているから」「新製品ならCMをやるはず」というような消費者の思い込みから起こる現象です。

このように、消費者は商品や広告に関して常に正しい認識や知識をもっているとは限らず、むしろ誤解や思い込みをもっているものです。調査票作成のときに誤解や思い込みを排除するようにしますが、排除しきれない場合があり、このことを報告書で「消費者の認知バイアス」による結果と書くと、少し高級な表現になります。

● 「エヴォクトセット」や「バラエティーシーキング」といった表現も

購入意向ブランドも「エヴォクトセット」と表現するとよい場合があります。これはある消費者が購入してもいいと思っているブランドの組合せのことで、ここに入らないブランドは認知されていても買われません。ただ、これは個人の組合せを1単位として集計する必要があります。

「バラエティーシーキング」という表現も時々使います。ブランドロイヤルティのほぼ反対の意味です。あるブランドに固まることがなく、「もっといいものがあるはず」と次々と違うブランドを試す行動です。その商品ジャンルのヘビーユーザーの中で、購入ブランド数が多い集団を表現するときに使います。

時系列で分析すると、バラエティーシーキングの後にどれか一つのブランドに固まって、ロイヤルユーザーとなる場合もあります。ただ、本当にロイヤルティなのか、単に習慣化して「固着」が始まったのかは詳しく分析する必要があります。

マーケティングや消費者行動論のテクニカルタームを正しく使う

◉認知バイアス

- ●新製品はテレビCMをやるはずだという思い込み（確証バイアス）
- ●松竹梅とあったら真ん中の竹が無難（フレーミング効果）
- ●98円と100円の大台を切ると買いやすい（大台価格）

◉エヴォクトセット

- ●消費者が買ってもいい（候補）と思っているブランドの集まり
- ●通常は認知ブランドより少ない
  （知ってはいるが買うことはないブランドがある）
- ●認知ブランドの質問の次に「買うことがある」「買ってもいい」
  「買うつもりがある」などの質問文で把握する

◉バラエティーシーキング

- ●最寄り品の中で次々と購入ブランドを替えていく行動
- ●「もっとよい自分に合ったブランドがあるはず」と思っている
- ●同じものではすぐ飽きてしまうと認識されている製品ジャンル

◉ロイヤルティ、ロイヤルユーザー

- ●いつも同じブランドを買い続けるユーザー
- ●意識せず、習慣的に買い続けるロイヤルユーザーもいる
- ●そのブランドのある特性が気に入って買い続けるロイヤルユーザー

Section 69

消費者が意識せずに陥る
認知的不協和とは

> 消費者ブランド選択は確信に満ちたものではない。確信を得ようとしているだけである。

●何かを選択した後の後悔に似た感情

消費者は、いくつかのブランドの中から一つを選んで購入するというブランド選択行動を行っています（菓子やビールなどであれば一度に数種類のブランドを買うこともあるが、とりあえず一つを選ぶとする）。このとき、選んだAブランドで「本当によかったのか、Bのほうがよかったかもしれない」という後悔に似た感情が、意識されることはなくても必ず生まれます。この感情を「認知的不協和」といいます。

この不協和を解消するためには、ブランドの選び直し（Aを返品してBを買う）をするのが合理的な行動です。

ところが、ほとんどの消費者はそう行動せず、「Bのほうがよかったかも」という認知を変えてしまおうとします。行動を変えるより認知を変えるほうがコストがかからないという理由が大きいためで、自分の行動が正しかった、BよりAのほうがよかったという情報を集めようとするのです。

●買回り品で強く出る

そこでAのCMは熱心に見るがBのCMは無視する、AのHPを検索してAの特徴を学習するなどの行動が強化されます。結果、リサーチデータではAブランドの購入者のAのCM認知率やHP検索率が高く出る傾向があります。このとき、報告書の中にこの認知的不協和に関するコメントを入れれば、報告内容の理解が進む効果があります。

認知的不協和は車、住宅など高額で購入回数が少ない商品ジャンルで強く出る傾向があります。洋服などに比べて買い直しがむずかしく、買い直した可能性が高いからです。商品の善し悪しを判断するのに知識が必要で、知識を集める労力（コスト）より認知を変えるほうが合理的です。

認知的不協和は最寄り品（67項参照）でも発生します。最寄り品の場合はブランドスイッチの原因になるので、トップシェアのブランドも定期的なプロモーション活動が必要になります。

160

認知的不協和は買回り品で大きい

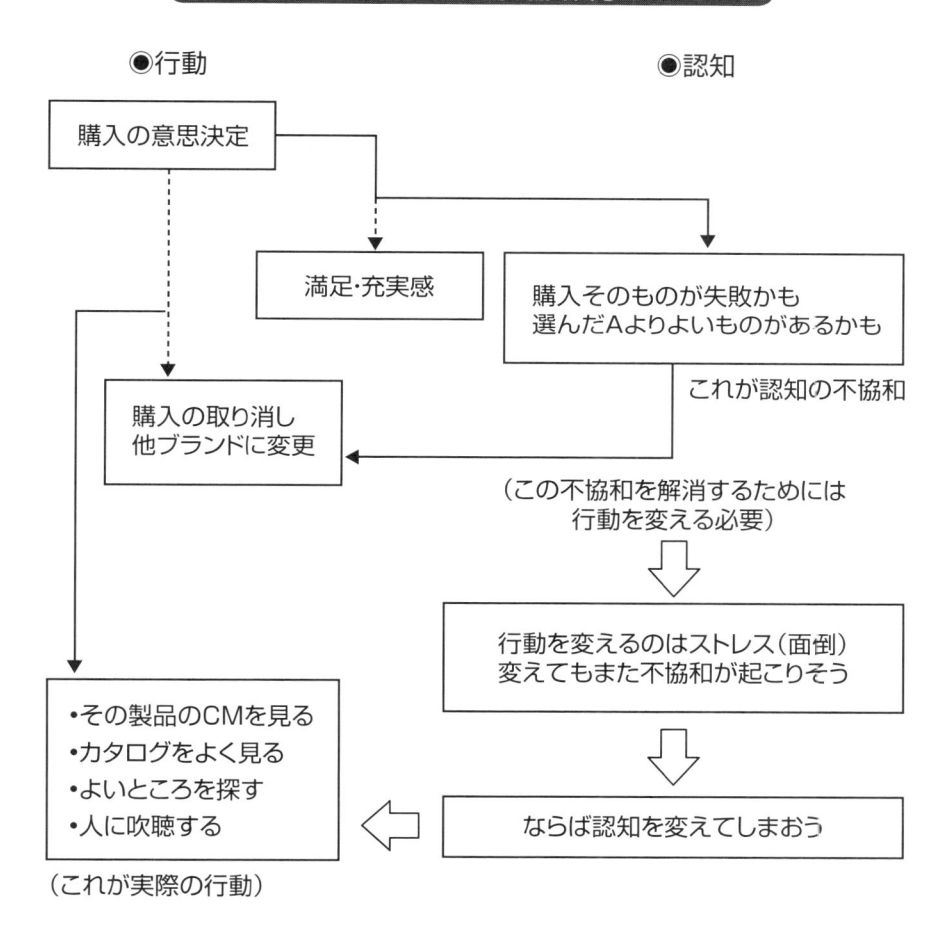

●行動　　　　　　　　　　　●認知

```
購入の意思決定
    │
    ├──────────────┐
    ↓              ↓
満足・充実感    購入そのものが失敗かも
                選んだAよりよいものがあるかも
                    これが認知の不協和
```

購入の取り消し
他ブランドに変更

（この不協和を解消するためには
行動を変える必要）

⇩

行動を変えるのはストレス（面倒）
変えてもまた不協和が起こりそう

⇩

・その製品のCMを見る
・カタログをよく見る
・よいところを探す　　⇐　ならば認知を変えてしまおう
・人に吹聴する

（これが実際の行動）

●認知的不協和は以下のようにデータに現れる

●購入者のほうがCM認知率が高く認知内容も詳しい
　（AIDMAとは逆の流れ）

●カタログ請求やサイト訪問は購入者が多い

Section 70

リサーチに直接参加していなかった人たちに向けて

報告会、プレゼンテーションのやり方

リサーチ結果についてのプレゼンでは、開催目的をよく確認し、その目的に合わせて伝えるべき内容を絞り込むなどの準備が必要。

●まず会の目的を確認する

インターネット・リサーチは報告書の提出で一連の業務が完了します。報告書の提出前後にプレゼンテーションを依頼されることがあります。プレゼンテーションは、当のリサーチに直接参加していなかった人たちを対象に行います。

プレゼンテーションを行う場合は、まず参加者を確認します。参加者の確認は、同時にプレゼンの目的の確認にもなります。上司への報告、プロジェクトの他のメンバーとの情報共有、リサーチ結果の周知など、プレゼンの目的をはっきりさせます。

次に、媒体は何を使うのかを決めます。テレビ会議システムか、1か所に集まってプロジェクターを使うか、プリントした紙を出席者に配るか、記録を残さず、口頭だけのプレゼンにするかで、準備するものが違ってきます。

●目的に合った内容を決める

その次に、目的を考慮してプレゼンのマテリアルを作成します。プレゼンは報告書のエッセンスだけを発表するものです。主要なチャートや数表を報告書から抜粋するか、改めて要約レポートをパワーポイントなどでつくります。このときのポイントは、何を訴えるかをはっきりさせてからマテリアルづくりをすることです。

プレゼンを聞いて理解できるのは2〜3項目と考えるべきです。それ以上並べられても聞いているほうは混乱するだけです。担当者と事前に打ち合わせて、報告書のストーリーとは別にプレゼンストーリー、シナリオを作成します。「ああも言える、こうも言える、こういった場合もある」と結論がはっきりしない、自信のないプレゼンはマイナスになります。報告書の表現よりも断定的にするべきです。

そうはいっても、リサーチ結果から言えることだけに限定するべきです。リサーチの範囲を超えたマーケティング意思決定については、リサーチャーは意見を求められるまで発言しないのが普通です。

162

プレゼンテーションはパフォーマンスだが過剰な演出はしない

◉プレゼンテーションの目的を明確に

- ●意思決定者(上司)への報告
- ●プロジェクトメンバーの共通理解
- ●リサーチ担当のリサーチの勉強

◉プレゼンテーションの方法を決める

- ●テレビ会議システム
- ●プロジェクターで投影
- ●プリントアウトしたものを配付
- ●口頭のみ

◉プレゼンテーションシートの準備

- ●プレゼンシートの作成(報告書の抜粋か新たにつくるか)
- ●タイムスケジュール作成
- ●ロールプレイング実施

◉プレゼンテーションの内容

- ●詰め込みすぎない(訴求ポイントは三つ以内)
- ●結論的なことは表現を替えて繰り返し訴える
- ●自信のない表現はしない
- ●提言は最後に行う

Internet Research

8章 マーケティングテーマ別リサーチ

- Section71 市場実態把握のためのリサーチ
- Section72 競合関係を把握するためのリサーチ
- Section73 消費者セグメントのためのリサーチ
- Section74 ブランドポジショニングのリサーチ
- Section75 ブランドイメージの測定
- Section76 ブランドロイヤルティの測定
- Section77 コンセプトチェック
- Section78 パッケージデザイン評価
- Section79 広告効果測定
- Section80 顧客満足度調査

Section 71

限定された市場でも定期的な実態把握が必要

市場実態把握のためのリサーチ

市場実態を表す指標としては、市場規模、成長性、参入メーカー数、販売業者数、シェア関係などがある。

●**市場のグローバル化は限定的**

市場のグローバル化とか世界単一市場といううことがいわれることがあります。現在の市場（＝マーケット）はインターネットによって全世界に一瞬のうちに広がり、日本市場だけ考えても意味がないということですが、これは金融市場など特殊な市場のことです。

インターネット・リサーチはインターネットを使いますが、調査対象とする市場はほとんどが国内と考えて間違いありません。理由は、リサーチの対象の製品などは具体物で製品そのものはネット上を流れることはできません。また、介護や接客などのサービス製品は言葉の問題で国内に限定されます。さらにリサーチそのものに言葉の壁があります（日本語の質問文は日本語を理解できる人以外には使えない）。

●**自社の市場は定期的に把握すべき**

普通、市場といえば自社が参入しているる、あるいは参入しようとしている市場のことを指します。その限定された市場の実態を把握するリサーチが必要です。自社が参入しているのであれば改めて調査する必要はないと考えがちですが、定期的に市場を把握する必要があります。

市場実態を表す指標として、市場規模、成長性、参入メーカー数、販売業者数、シェア関係があります。

市場規模は販売額で表現されます。リサーチ結果の平均購入金額に母集団数を掛ければ出ます。普通は年間で考えるため、リサーチが月平均金額ならさらに12倍します。金額のほかに数量も単位になります。

成長性は長期より短期で考えます。多くは対前年比と前々年比くらいの数値で、今年の市場が拡大基調なのか停滞・減少基調なのかでマーケティング戦略の参考にします。参入メーカー数とともにブランド数も把握し、競合関係がどのように動いているかもリサーチで把握します。シェアは金額シェアと数量シェアがあり、両方をチェックする必要があります。

166

市場実態把握のための調査は定期的に実施することが望ましい

◉市場全体を把握するための指標

- ●マーケットサイズ（市場規模。金額と数量で表現）
- ●マーケットの競合関係
  たとえば移動手段として、鉄道と航空機とクルマの競合
  レジャー用品としてクルマ（ドライブ）とゴルフの競合・共存
- ●マーケットの拡がり（購入率、普及率、所有率、利用率）
- ●マーケットの深さ（購入金額・個数・量、利用金額・回数）

◉市場の競合関係を把握する指標

- ●参入メーカー数、ブランド数
- ●新製品・新ブランドの投入数
- ●シェア（金額、個数、量）

◉成長性を把握する指標

- ●伸び率、減少率
- ●新規参入メーカーの数

◉実態把握調査は同じ時期に実施する

- ●同一月のほぼ同一日付で調査する

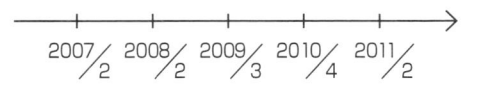

  調査実施時期
  →
  2007/2 2008/2 2009/3 2010/4 2011/2

  2009年と2010年は
  3月、4月に
  ズレ込んでいる
  ⇩
  季節性の強い商品は
  データが歪む

Section 72

競合の範囲を決めて調査する

競合関係を把握するためのリサーチ

競合関係の範囲、測定時点、どの指標を使うかを決めて実施する。

●まず競合範囲を決める

競合関係とは、「自社の売上が伸びればある他社の売上が下がる」、あるいはその逆で「他社の売上が伸びることで自社の売上が下がる」という関係をいいます。新規市場で参入している各社の売上が伸びているようなら、厳密には競合関係にあるとはいいません。

競合関係を把握するには、その広がり、範囲を決めないと調査できません。自動車市場であれば、バスやトラックも含めるか、乗用車市場に限るか、セダン、ミニバン、軽乗用車などのタイプはどうするか、輸入車は含めるか、高級車やハイブリッド・電気自動車などのサブ市場を設けるかなど、調査する範囲を決める必要があります。

そのためには、調査目的を明確にします。調査目的が「環境対応車の市場予測」であれば当然、ハイブリッド・電気自動車を含めた市場とします。

●次に測定時点や判定指標を決める

次に、どの時点のデータとするかも決める必要があります。ある日、ある週、月、四半期、半期、年間など、競合関係を把握する期間を決めます。さらに耐久財などでは製品のどの過程の競合かを決めます。自動車だと生産能力、工場出荷、登録時点、使用状況などいろいろな過程があります。

最後に、競合関係を示す指標を決めます。競合関係はシェアで表現します。シェアのベースは金額か数量です。数量の場合は個数（個、本、ケース、他）と重量（g、kg、t、kl、他）とがあります。シェアは、メーカーやブランドの力関係の実態を表します。マーケティング活動の最終結果という意味になります。

一方、リサーチではマインドシェアを測定することがあります。マインドシェアは将来の市場シェアに影響するといわれています。購入意向ブランドや広告認知割合などが指標となります。このマインドシェアには厳密な定義がなく、測定方法も一定していません。

競合関係は思いがけないところでも発生する

◉直接競合

> ●自社の売上(シェア)が上がれば相手の売上(シェア)が下がり、その逆の関係も常に成り立つ

◉相互補完的競合

> ●新市場の立ち上がり時期、競合が追随参入することで市場が拡大する
> ●消費者のサイフの中では競合だが、A(マンション)を買うとB(家具)も買いたくなる

◉競合関係を把握する

> ●競合(市場)の範囲を決める
> ●測定の時点を決める(週別、月別、四半期別、年別)
> 　　　　　　　　　　(出荷データ、販売データ)
> ●指標を決める　　　(金額、個数、容量)

◉マインドシェア

> ●認知率をそのままマインドシェアとする
> ●購入意向者割合をマインドシェアとする

Section 73

実在の消費者がイメージできるセグメントづくり

消費者セグメントのためのリサーチ

消費者の行動や意識を調査した結果から、いくつかのグループに分けるのが消費者セグメント。

●行動や意識によるグループ分け

インターネット・リサーチのほとんどは消費者を調査対象に行われます。

ただし消費者といっても、リサーチテーマによって年齢や性別などで対象者を限定します。たとえば、家庭用調味料であれば「30〜40歳代の主婦」を調査対象にします。この作業も消費者セグメントですが、マーケティングの場合は違う意味があります。

マーケティングの消費者セグメントとは、消費者の行動や意識を調査した結果からいくつかのグループに分けることです。醤油の使用量を調査し、非常に多く使う世帯から「ヘビーユーザー、ミディアムユーザー、ライトユーザー、ノンユーザー」に分けることなどが行動からの消費者セグメントです。

新製品を積極的に買うつもりか、評判が固まってから買うつもりかという質問文から、「イノベーター、フォロワー」に分けることは消費者の意識によるセグメントとなります。

使用量による消費者セグメントを自社製品で行ってセグメント別の特徴を分析すれば、自社製品のユーザーが明らかになります。そのためには、プロフィールを描けるような質問文を調査項目の中に入れておく必要があります。

さらに因子分析などの多変量解析を使ってクラスターに分ける場合もあります。

●セグメントをつくる場合の留意点

消費者セグメントづくりで留意すべきポイントは、セグメントをつくることばかりを考えて設計して、「実在しそうもないセグメント」をつくってしまわないようにすることです。

セグメントをつくる場合は、マーケティング的に意味のある大きさであることが第一条件です。人数や市場規模が1、2％しか存在しないセグメントは意味がありません。そのセグメントで「商売」できることが前提です。さらに、テレビ広告をよく見るのか、ネット広告をよく見るのかなど、そのセグメントへのアプローチの手段もわかるようにしておきます。

インターネット・リサーチはセグメントした調査が得意

◉デモグラフィックなセグメント

- ●性別、年齢、職業、未既婚など…「40代主婦」など

◉量層セグメント

- ●購入量、使用量の　上位25%　大量層
  - 　　　　　　　　　　中位25%　中量層
  - 　　　　　　　　　　下位50%　小量層
  - 　　　　　　　　　　　　　　　　　　　＜人数＞　＜購入量＞

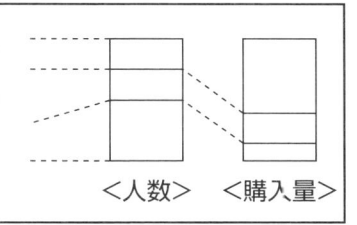

◉意識によるセグメント

- ●新製品に積極的にトライする　　　　　　イノベーター
- ●新製品の評判が固まってからトライする　フォロワー
- ●周囲の人がほとんど使うようになってからトライする　マス

◉セグメントをつくるときの注意

- ●マーケティング上、意味のある大きさか
- ●実在することが確認できるかどうか
- ●アプローチする方法（使用媒体のデータなど）があるか

Section 74

ブランドシェアの構造がひと目でわかる
ブランドポジショニングのリサーチ

多数のブランドの相対的位置関係がわかることで、マーケティング戦略が立てやすくなる。

● ポジションを知って適切な戦略を採る

2本の軸で区切られた空間上にブランドやメーカーを配置してみることを、ポジショニング（分析）といいます。インターネット・リサーチの結果、A60％、B28％、C12％というシェアになったとします。ここでシェアの構造を見るために、購入率と購入者あたりの平均購入金額を二つの軸上にプロットしてみます。これがポジショニング図です（左図参照）。

この図からわかることは、CブランドがA、Bとは違うポジションを得ているという事実です。Cは購入率は低い（購入者は少ない）が買っている人はたくさん買っているので、「一部に熱心なファンがいるブランド」という解釈が成り立ちます。それが事実なら、そういったポジションにふさわしいマーケティング戦略が提案できます。

一方、単純に、Cは購入率を6ポイント上げれば（ほかの条件は同じとして）Bとほぼ同じシェアになるので、ブランド告知に有効なマス広告を増やすべきという戦略も提案できます。どちらがよい戦略かはポジショニングの

● 図の「軸」の解釈が重要

このポジショニング図は、ブランドシェアの構造を「ひと目」でわからせてくれたといえます。この例では単純な数値で軸を表現しました。ポジショニングでは、この軸の表現が重要になります。通常は数値データ、定性データなど多数の変量を同時に扱って分析する多変量解析（59項参照）などの手法を使ってこの軸を抽出します。多変量解析などの手法を使って「軸」が抽出できても、軸の解釈、名称（どう表現するか）までは解析では出てきません。データとマーケットに関する知識をもとに分析者が名前を付けることになります。そのネーミングが適切でないと分析を間違えます。

ポジショニングの考え方は広告の世界から出てきましたが、現在はマーケティング全般で活用しています。

理由を分析していけばよいのです。

ポジショニングは自社(ブランド)の位置と他社との関係性がわかる

◉シェアを分解してポジショニングする

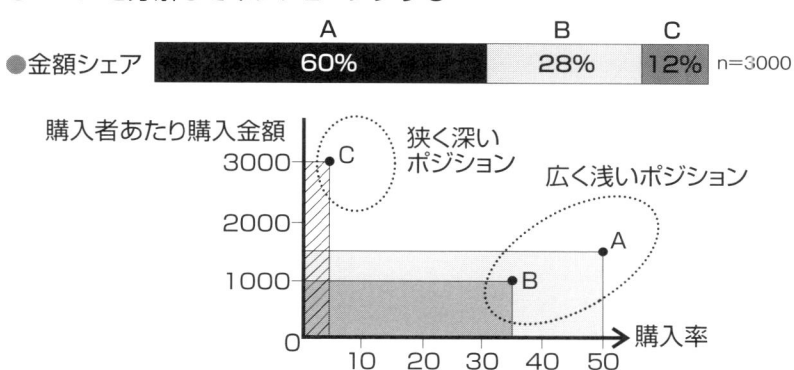

●金額シェア　A 60%　B 28%　C 12%　n=3000

購入者あたり購入金額

- C (3000) 狭く深いポジション
- A (約1500, 購入率50) 広く浅いポジション
- B (約1000, 購入率35)

→購入率 (10 20 30 40 50)

※各ブランドがつくる四角の面積の比率がシェアになる
　Cは、購入者は少ない(5%)が平均3000円買う大量層に支えられている
　A・Bは、Cに比べて購入量が少ないが購入者が多い

●提案1　Cブランドは、既存のユーザーを大切にする戦略を採るべき
●提案2　Cブランドは、ブランド名告知によってより大きなシェアを獲得できる

◉多変量解析のアウトプットから軸のネーミングを行う

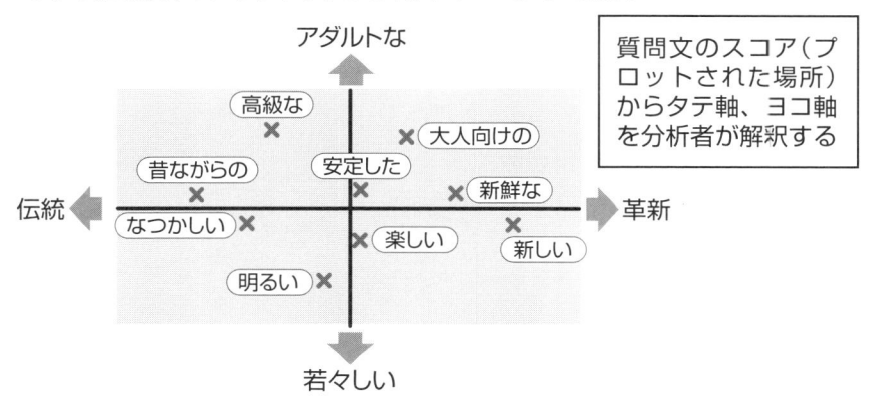

タテ軸：アダルトな ↕ 若々しい
ヨコ軸：伝統 ← → 革新

- 高級な
- 大人向けの
- 昔ながらの
- 安定した
- 新鮮な
- なつかしい
- 楽しい
- 新しい
- 明るい

質問文のスコア(プロットされた場所)からタテ軸、ヨコ軸を分析者が解釈する

Section 75

イメージを構成する要素を抽出する
ブランドイメージの測定

消費者のブランドや企業に対する評価をシンプルに表現するのがブランドイメージ。イメージを構成する要素を調べ、他社のそれと比較してみることも大切。

● **イメージの影響は大きい**

ブランドや企業が消費者からよいイメージをもたれることは、悪いイメージをもたれるよりよいに決まっています。よいイメージであればリピート購入を促進するし、新製品も好意的に受け止められることが予想できます。イメージには製品・サービスの購入・使用経験が最も大きく影響します。そのほかに広告宣伝、プロモーション、ホームページ（HP）などへの接触もイメージ形成に影響します。

近年はインターネットのブログやSNSへの書き込みの影響力が強くなっています。製品、広告、プロモーション、HPは個別企業がコントロールできますが、ネット上の書き込みに関してはまったくコントロールできないので「監視」するだけの対応になります。

● **イメージの全体像を把握する**

イメージ測定は、イメージをつくっている要素は何で、その要素の組合せでどのようなイメージをもたれているか全体像を把握することが目的です。そのための「SD法」では、まずイメージを構成する要素を考えます。「明るい・暗い」のような対になる形容詞をできるだけ多く挙げ、当該のジャンルにふさわしくないものを除きます。また、似かよった対の表現、たとえば「多い・少ない」と「充分な・足りない」はどちらかの対だけに残します。机上の検討だけで不安なら主成分分析などで絞り込みます。できれば10項目くらいに絞り込めばイメージが理解しやすいし、継続調査でイメージの変遷も把握できます。絞り込まれたイメージ項目を5段階か7段階で調査します。この際、自社だけでなく競合のイメージも同じように測定して比較します。集計はブランドごとの形容詞項目への回答の平均値を出して、左図のようにプロットします。この図を競合と比較することで自社ブランドのイメージを描きます。さらに、各イメージ項目はブランドの構成要素のどれと相関が高いかを分析します。

ブランドイメージを構成する要素を取り出すことが大切

●ブランドイメージに影響するマーケティング要素

- ●当該ブランドの購入・利用経験
- ●広告・宣伝(作品としてのインパクト、共感性) ─┐
- ●プロモーション ─────────────────┤ ⇐ コントロール可能
- ●口コミ(リアルな口コミ、ネット上の口コミ) ⇐ コントロールできない

●イメージを構成する要素の抽出(SD法)

- ●対になる形容詞の洗い出し
  「明るい⇔暗い」「新しい⇔古い」「高い⇔低い」……

  ⬇

- 当該ジャンルにふさわしくないものを除外
- 似たような表現のどちらかを除外
- 主成分分析を行う

  ⬇

- ●10項目くらいに絞る
  (多すぎると散漫になる。少ないとイメージにならない)

  ⬇

- ●5段階か7段階で評点をつける

●SD法によるイメージプロファイル

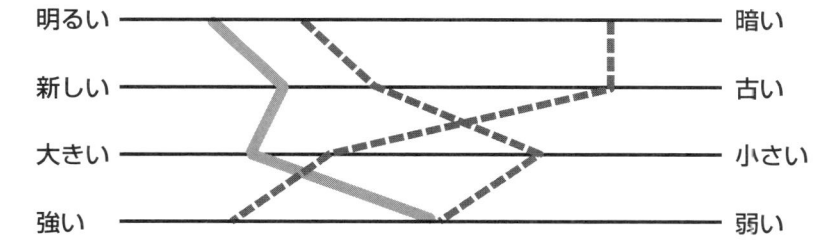

明るい	———————————	暗い
新しい	———————————	古い
大きい	———————————	小さい
強い	———————————	弱い

Section 76

将来のシェア関係の予測に重要な指標
ブランドロイヤルティの測定

ブランドロイヤルティはよく使われるコトバだが、**厳密な定義はない**。その測定のためにはさまざまな方法がある。

● 最寄り品での測定はむずかしい

「ブランドロイヤルティ」はマーケティング・リサーチでよく使われる言葉ですが、正確な定義はありません。最も単純な定義は、「あなたがたとえばコーラを買いに行ったとき、○○がなかったら、その店を出て他の店を探しますか?」という質問に「イエス」と回答した人の割合になります。

ここで考えればわかるように、清涼飲料のような最寄り品（67項参照）は、「その店にある違うブランドで間に合わせる」という回答が多数を占め、どのブランドにもロイヤルティはないという結論になります。

このように、最寄り品でのブランドロイヤルティの測定はむずかしいため、いろいろな測定方法が提案されています。

● 製品ジャンルで最適の方法を決める

リサーチで「次回買いたい・買うつもりのブランドは?」という質問への回答数をロイヤルティとする場合もあります。一方、ロイヤルティを購買行動の結果と考えて、この1週間、1か月間に買ったブランドをすべて挙げておきます。

もらい、サンプルごとに購入回数を計算し、あるブランドが51％以上占めれば、そのブランドのロイヤルユーザーと定義する考え方もあります。

もう一つは、味覚（飲食品の場合）、パッケージデザイン、プロモーションなどマーケティング要素の嗜好を質問し、複合指標として測定する方法です。

ブランドロイヤルティは将来のシェア関係を予測するのに重要な指標です。ブランドロイヤルティが高ければ将来的にシェアが上がる可能性が高く、ロイヤルティが低ければ、現在シェアが高いブランドでも下がってくる可能性があるといえます。

ロイヤルティは、ブランドの「のれん代」としてM&Aのときのブランドエクイティの重要な指標になる場合があります。製品ジャンルによって測定の仕方が違うため、最適の方法を決めておきます。

176

ブランドロイヤルティは「忠誠心」というほど強いものではない

●ブランドロイヤルティの指標

- ●認知率：ロイヤルティを感じる前提にブランド認知がある
- ●購入意向率：次に買いたい、買ってみたいと思っているブランド
- ●購入量シェア：個人の中の購入量シェアが51％以上のブランド
- ●リピート購入率：ネット通販では重要な指標

●ブランドロイヤルティ指標の使い方

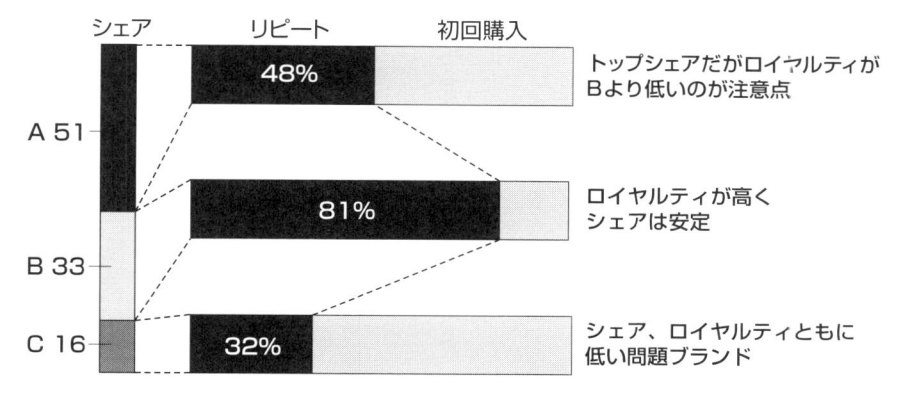

シェア	リピート	初回購入	
A 51	48%		トップシェアだがロイヤルティがBより低いのが注意点
B 33	81%		ロイヤルティが高くシェアは安定
C 16	32%		シェア、ロイヤルティともに低い問題ブランド

●ブランドエクイティとしてのロイヤルティ

A　シェアトップだがロイヤルティ低い　⇒　Bに比べて価値が低いことが多い

B　シェアは2位だがロイヤルティ高い　⇒　価値が高い場合が多い

※ロイヤルティが高いと、新規のマーケティング投資をしなくても確実な利益が得られる

Section 77

想定ターゲットにきちんと伝わるか
コンセプトチェック

商品やサービスは一貫した考え方に基づいて開発する必要がある。商品コンセプトを示して、どう受容されるかをチェックしておく。

● 商品を形づくる総合的な考え方

「コンセプト」は、ブランドコンセプト、広告コンセプト、デザインコンセプトなどの使われ方をします。「概念」という意味ですが、「製品、広告、パッケージデザインなど、具体的に表現されるものの背後にある考え方」と定義できます。コンセプトがなくても製品、広告、パッケージデザインをつくることはできます。ただ、コンセプトが曖昧だとでき上がるものがバラバラの印象になる危険性が大きくなります。

コンセプトは「考え方」なので、普通はコトバ（文章）として開発します。開発コンセプトが受け入れられるかどうかのリサーチがコンセプトチェックです。これをコンセプトの受容性のチェックといいます。コンセプトは消費者全体に評価してもらうより、狙っている消費者など想定ターゲットの受容性をチェックします。これは、開発の段階で想定ターゲットが検討されていないようなコンセプトはコンセプトとはいえないということを意味します。

● コトバの"翻訳"作業から始める

コンセプトチェックは、開発したコンセプトを消費者にわかりやすく誤解されないようにする一種の翻訳作業から始めます。

たとえば「21世紀型健康ニーズを充足するハイパー飲料」という開発コンセプトがあったとして、このまま提示しても理解されず大きな誤解を招く危険があります。この場合、21世紀型とはどういう意味なのか、健康ニーズの中身は何か、どのように充足するのか、ハイパーとは何かなどをわかりやすくする必要があります。

わかりやすくするといっても、ダラダラと説明してはコンセプト（概念）とはいえなくなってしまいます。いまの例でいえば、斬新な表現に簡潔な説明を加えて、最終製品を想定できる容量、容器、液の状態（炭酸入り他）、価格、売場などを付記しておいて、コンセプトのインパクトを削るような変更はしないようにします。

178

> コンセプトは「考え方」のことでこれをリサーチでチェックする

◉新製品コンセプト

　　　　21世紀型健康ニーズを充足するハイパー飲料

　　　　　　　　　　　⇩

このままリサーチすると、意味不明だったり誤解を与える危険がある

　　　　　　　　　　　⇩

　　　　　　具体的に"翻訳"してみる

　　　　　　「21世紀型健康ニーズ」とは

- 20世紀までは病気を治療するという健康概念
- 21世紀はヒトの自然治癒力を活かして、まず病気になりにくくするのが健康の概念
- そういった考え方が人々の間に浸透しつつある

　　　　　　「ハイパー飲料」とは

- 口の中に含むと体積が増える新しい液体の開発
- 同時に口の中に清涼感が広がる
- DNA分析により、個人個人に合った水成分をつくる

21世紀にふさわしいハイパー健康

人は自然に病気を治す力をもって生まれてくる。
この製品は個人個人の自然治癒力を補助します。
お口に含むと新しい清潔感が増大します。

　＜容量＞　20mlカプセル　5個入り
　＜容器＞　ガラスビン入り
　＜内容＞　髪の毛のサンプルを送って、自分だけの製品をつくる
　　　　　　炭酸入りなど選択も自由にできる
　＜価格＞　2000円／1ビン
　＜売場＞　インターネット通販

Section 78

製品のよい点をアピールできているか
パッケージデザイン評価

パッケージデザインは製品の認知や比較検討に大きな影響を与える。新製品は発売前に、既存品は定期的にその評価をリサーチしておく必要がある。

●パッケージの果たす役割は大きい

パッケージの基本機能は製品を包んで保護・保存することですが、マーケティング的には製品のよい点を訴える力が重視されます。あらゆる製品はネーミングされ、デザインされた文字（ロゴ）、きれいな色、写真やイラストのアイコンなどで飾られて店頭やネット上に提示されます。消費者はこのパッケージデザインを頼りに製品を認知して比較検討し、購入するかどうかを決めていると考えて間違いありません。

さらにはデザインだけでなく、ラベルの裏側にある製作者（メーカー）、製品のつくられた過程、原材料の表示なども参考にされます。

これらの要素を表現する調査票の定型的質問文を開発しておいて、いくつかの新製品で測定すれば、新製品としての「デザイン力」がわかります。さらに各要素、ロゴデザイン、配色、線、アイコンなどがどのような関係性で結び付いているかも調査する場合があります。

既存品のデザイン評価は、デザインのリニューアルを想定して行います。調査する要素は新製品と同じです。しかし、現在のロイヤルユーザーには大きな変更はなかったと思われ、狙った新規ユーザーには新鮮な（大きく変更された）印象をもたれるという相反する目的を達成しなくてはいけません。

●新製品、既存品ともに調査が必要

新製品は発売前に、既存品は定期的にパッケージデザインの評価をリサーチする必要があります。新製品の場合は新しく登場した印象を与える「新鮮さ」、店頭やネット上でとにかく目に留まる「存在感」、製品の中味を正しく伝える「伝達力」、よいデザインと思わせる「共感性」の要素をリサーチします。

インターネット・リサーチはパッケージデザインを鮮明な画像で対象者に見せられる利点がある反面、競合メーカーにも見られてしまう危険が大きいことも覚悟しておく必要があります。

インターネット・リサーチは鮮明な写真を使ってデザイン評価できる

◉パッケージの機能

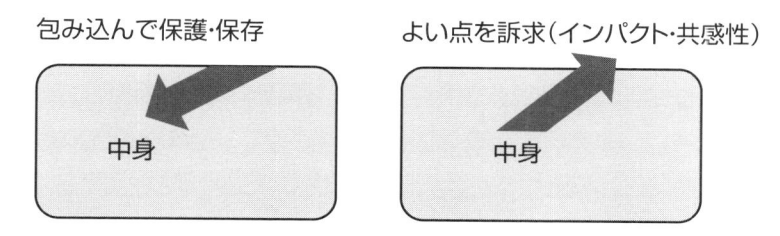

包み込んで保護・保存　　　　　　よい点を訴求（インパクト・共感性）

```
    中身                              中身
```

◉パッケージデザインの評価指標

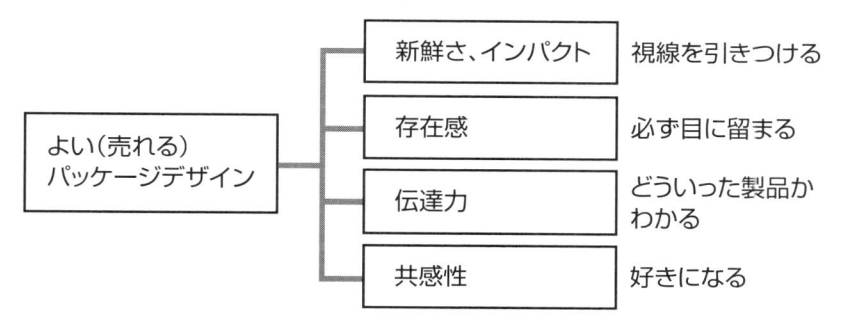

よい（売れる）パッケージデザイン	新鮮さ、インパクト	視線を引きつける
	存在感	必ず目に留まる
	伝達力	どういった製品かわかる
	共感性	好きになる

◉パッケージデザインのリニューアル

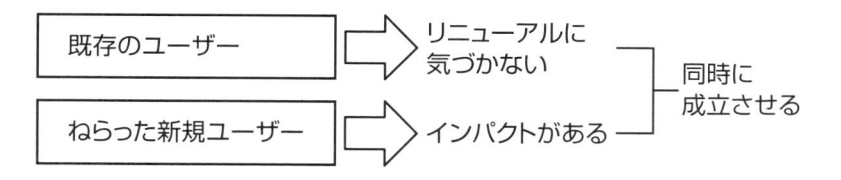

既存のユーザー	⇒	リニューアルに気づかない	┐
ねらった新規ユーザー	⇒	インパクトがある	┘ 同時に成立させる

◉インターネット・リサーチによるパッケージデザイン評価

豊富な写真を使って評価できる　⇔　情報モレが起きやすい

Section 79

購買意思決定にどれだけ貢献したか
広告効果測定

広告の最終目的は商品を買ってもらうことだが、商品の認知、理解・共感を得るといった目的もある。いずれの段階でも効果を正確に測定することはむずかしい。

●**マーケティング・リサーチのテーマ**

マーケティング・リサーチにとって、「広告効果測定」は非常に大きなテーマです。理由は、マーケティング支出の中で広告宣伝費が非常に大きなウェイトを占めるということ。もう一つは、売上はマーケティング活動の複合的な結果であって、その中から広告の効果だけを抽出するのがむずかしいことです。

広告の目的として、自社製品を認知してもらう、理解・共感を得る、購入してもらうの3段階を考えます。当然、第3段階まで広告だけで達成することは困難です。あらゆるマーケティング活動は購入(購買)に向けて進められていますから、購買するしないの意思決定にはたくさんの要因が絡み合っています。天気や経済状況などマーケティングがコントロールできない要素はもちろん、陳列場所、価格、販促などの要素が競合ブランドの動向も含めて非常に複雑なプロセスを分析する必要が出てきます。

●**どの段階で測定するのかを明確に**

広告効果測定の最終目標は、購買意思決定に広告がどれだけ貢献したかの測定ですが、実際、広告効果を調査する場合は先の3段階のどの段階で測定するかを明確にすることから始めます。

広告の認知だけなら認知率(知名率)調査を実施すればよいし、理解・共感を調査するなら認知内容・好き嫌いの項目を加えておけばよいわけです。

ただ、ここで問題なのは「広告は知っているが、それが何(ブランド)の広告なのかはわからない」というケースがあることです。認知・認知内容・好き嫌いを調査する場合、作品として広告そのもののことなのか、その広告が訴えているブランドのことなのかを厳密に区別する必要があります。

インターネットの検索連動型広告はクリックされた(見た)ことが精確にわかるので、認知率を改めて調査する必要はありません。ただ、ネット検索の後、店舗で購入という場合もあり、購入までは追跡できません。

広告が購買（売上）にどれくらい効果があったかを測定することはむずかしい

● 広告効果の3段階

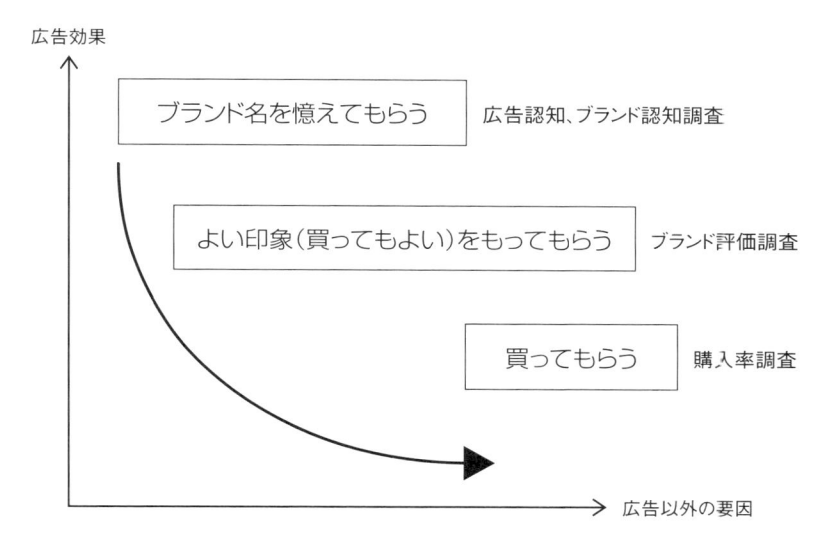

```
広告効果
 ↑
   ┌──────────────────┐
   │ ブランド名を憶えてもらう │   広告認知、ブランド認知調査
   └──────────────────┘
        ┌──────────────────────────┐
        │ よい印象（買ってもよい）をもってもらう │   ブランド評価調査
        └──────────────────────────┘
                    ┌──────────┐
                    │ 買ってもらう │   購入率調査
                    └──────────┘
                              → 広告以外の要因
```

● 広告認知とブランド認知

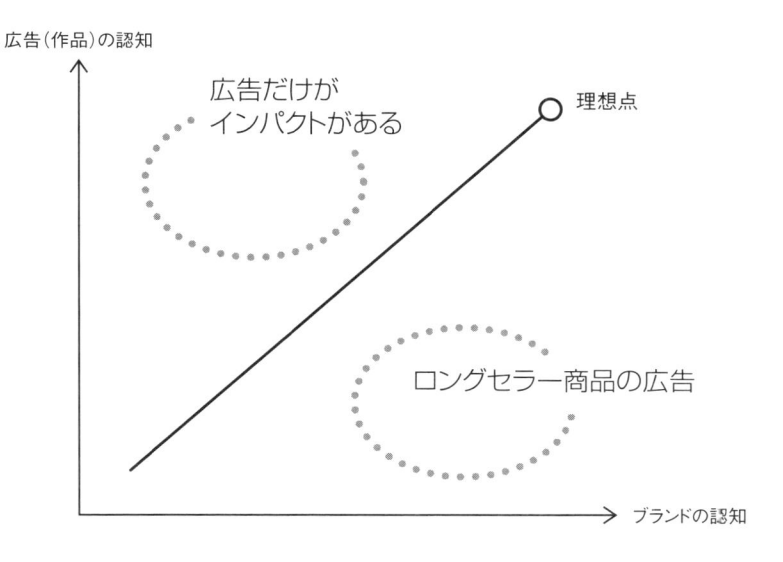

```
広告（作品）の認知
 ↑
      広告だけが
      インパクトがある                    ○ 理想点

                        ロングセラー商品の広告
                                        → ブランドの認知
```

Section 80

メーカーやブランドへのロイヤルティにつながる
顧客満足度調査

売りっぱなしではなく、買換え需要につなげるために、製品だけでなく販売やアフターサービスの評価も調査する。

●アメリカの自動車メーカーが開発

「顧客満足度調査」は、アメリカで調査会社と自動車メーカーが共同で開発した手法です。自動車メーカーは新車を販売することがマーケティング上の目的です。そのために、高性能で魅力的なデザインの新車を開発し、その新車がもたらすすばらしい世界を広告で訴え、ディーラーを組織化し、ローン会社とも提携して販売しようとしてきました。しかしこの方法は「売りっぱなし」という批判を受け、自動車メーカーも考え直して「顧客満足度」という概念にたどりついたのです。

自動車は耐久財ですが、消費者は数回から十数回買い換える財です。ある新車を気に入って購入し、性能がよく故障も少なければ、そのメーカーに好印象をもって次の買換え時に同じメーカーの車を選択すると考えられます。好印象をもってもらうためには、買うときだけでなく使っているときの消費者の評価を知る必要があります。これを把握するのが顧客満足度調査です。

●人的・物的サービスの評価が重要

顧客満足度は製品そのものの評価に加えて、購入までの人的サービスと物的サービスを評価する項目が重要です。具体的には、販売店のセールスマン、受付、店長の接客態度や商品知識、立地、広さ、ディスプレイ、清潔さなどになります。購入後はアフターサービスの量と質が重要です。定期点検の通知や所要時間、点検内容などの基本項目をサービス部門の人的サービスと設備で評価します。

アフターサービスで注意するポイントは、過剰なサービスは「おせっかい、わずらわしい、その費用が製品価格に転嫁されている？」などのマイナス印象をもたれることです。調査票でも、このマイナスが測定できるようにしておきます。

こうした調査は自社顧客に対しては簡単にできますが、競合の顧客には困難です。そこで、調査会社が第三者機関として調査する場合があります。

メーカー、ブランドのファンづくりの指標になる顧客満足度調査

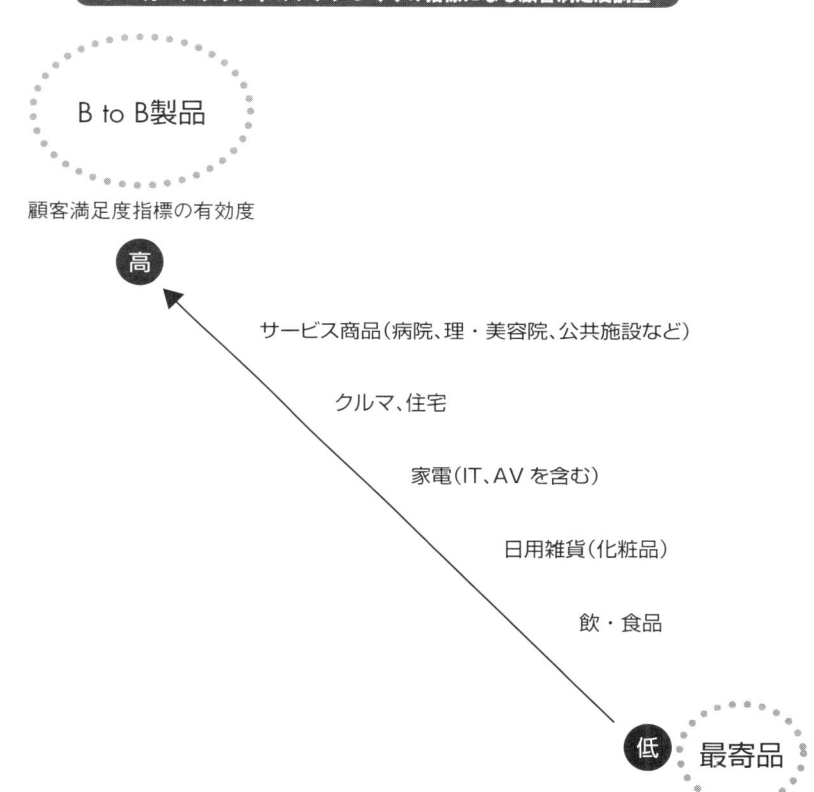

B to B製品

顧客満足度指標の有効度

高

　　サービス商品(病院、理・美容院、公共施設など)

　　クルマ、住宅

　　家電(IT、AVを含む)

　　日用雑貨(化粧品)

　　飲・食品

低　最寄品

● **顧客満足度の構成要素**(クルマの例)

- クルマそのものの使用満足・所有満足
- アフターサービス体制の使用満足
- 人的サービス(セールス、メカニック、他)の満足
- 物的サービス(店舗の広さ、きれいさ、近さ)の満足

↓　他社との比較

↓　乗り換え時(次回購入時)にプラスに作用する

Internet Research

9章 インターネットによる定性調査

- Section81　定量調査と定性調査
- Section82　マーケティングインタビューとエスノグラフィ
- Section83　マーケティングインタビューの種類
- Section84　対象者の探し方
- Section85　マーケティングインタビューの対象者
- Section86　プロービングのやり方
- Section87　定性調査の企画書と対象者条件
- Section88　インタビューフローのつくり方
- Section89　インターネットグループインタビューの実施
- Section90　定性調査の分析・報告書作成

Section 81

双方の特性を理解してうまく活用する

定量調査と定性調査

数値データを収集して実態を把握するための定量調査、結果をコトバで集め、理由を明らかにしたりヒントを得るための定性調査。

●定量調査に向いている

マーケティング・リサーチは「定量調査」と「定性調査」に大きく分けられます。定量調査は結果を数値で表現し、定性調査は結果をコトバで表現するという点が違います。

定量調査は数値データを収集し、定性調査はコトバを収集します。定量調査でも質問文ではコトバを使いますが、収集するデータは数値です。回答肢もコトバですが、必ずコード付けされて数値として扱います。定性調査は質問から回答までがコトバです。会話の中に数値が混じることはありますが、数値そのものは重視されません。

インターネット・リサーチは定性調査よりも定量調査に向いています。定性調査はほとんど会話形式で行われます。会話は質問(文)や回答を固定する必要はありません。固定してしまうとダイナミックさが失われてしまいます。一方、ネットでの会話はキーボードを介するので、ナマの会話より対象者の負担が大きく会話のダイナミックスの大部分が失われます。定量調査なら質問文は固定されていたほうがよ

いし、回答も数値で固定されています。

調査目的では、定量調査は実態把握を行い、定性調査は理由を明らかにしたりヒントを得るものです。ブランドの認知率や購入率、購入金額などの実態は数値で把握して比較します。

広告投下量に差がない複数のブランドで認知率に大きな差が出て、広告内容のどの部分が印象に残ったかを知りたい場合は、定性調査で差の出た理由を明らかにします。そして必要なら理由の割合を定量的に把握します。

このように、定性調査を定量調査のプレ調査として使って質問文づくりに役立てたり、定量調査の数値の結果の解釈を定性調査で行ったりと相互に使うことによって、リサーチの目的をよりよく達成することができます。

双方の特性をよく理解して、企画時にどちらを使うか、また両方使うかを判断します。

188

定量調査と定性調査の特性をよく理解して調査企画に役立てる

●定量調査と定性調査の違い

	定量調査	定性調査
収集するデータ	数値データ	コトバ
分析方法	統計処理	記述的分析
データ収集方法	質問文に回答	自由な会話
分析者の立場	客観的な観察者	対象との共同作業者
結論の書き方	数値で語る	コトバで語る
得意分野	実態把握	理由の解明
方法論	面接からネットまで	1対1からグループインタビュー
サンプル数	数百から数千	5〜6人から30人までくらい

●定量調査と定性調査の相互活用

定量調査結果（AよりBの選好度が高い）
　　　⇨ BがAより好かれる理由をインタビューで探す

定性調査結果 ⇨ 定量調査の質問文づくりに役立てる

コンセプトが受容された
　　　⇨ コンセプトを受容する人が何％いるか定量で確かめる

Section 82

定性調査における二つの手法

マーケティングインタビューとエスノグラフィ

カウンセリングの方法論を援用するのがマーケティングインタビューであり、エスノグラフィは文化人類学・社会学の方法論をまねたもの。

●会話からコトバのデータを収集する

マーケティング・リサーチの定性調査にはインタビューと、さらに観察、行動記録、文献分析まで加えた手法があります。前者を「マーケティングインタビュー」といい、カウンセリングの方法論を援用しており、後者は「エスノグラフィ」といい、文化人類学・社会学の方法論をまねたものです。

マーケティングインタビューは、対象者を設定、面接してコトバを収集しますが、非言語コミュニケーションの身振り、口振り、視線、態度などもデータとしますが、対象者が「発するコトバ」が中心です。

この方法論の利点は、対象者に発話を依頼することで文章表現のむずかしさを少なくしていることです。気軽な会話の中で「この商品の好きな点は？」と訊かれて口頭で回答するのと、「文章にしてください」と指示されるのとではどちらがプレッシャーが大きいかを考えれば、インタビューの利点がわかると思います。さらに会話は「はずむ」ことがあって、会話者同士が当初は思ってもみなかった方向に内容が発展する可能性があります。

一方、文章のやりとりでは、タイムラグが生じるため「場の共有」感覚をつくるのがむずかしく、シナリオを外れた方向への発展は起こりづらくなります。したがって、「意外な発見」のチャンスは少なくなります。

●行動を観察しつつコトバで補う

エスノグラフィは西欧社会が、彼らが「未開」と考えていた地域や社会を研究・理解する方法論として発展しました。初期は対象を外から観察する旅行記のようなものでしたが、研究対象の社会（人々の集団）の中に入り込み生活を共にして観察を続けるという文化人類学の方法論の確立によって、多くの知見が得られました。文化人類学は最終的には社会構造や親族構造を数学的なモデルを使って解明しましたが、基本データは定性的なもので分析も定性的分析です。社会学でも、準拠集団

エスノグラフィは生活の現場の中に入って観察、インタビューする方法

グループインタビュー

モデレーター

インタビュールーム

生活の現場から離れて1か所に集まってもらう

↓

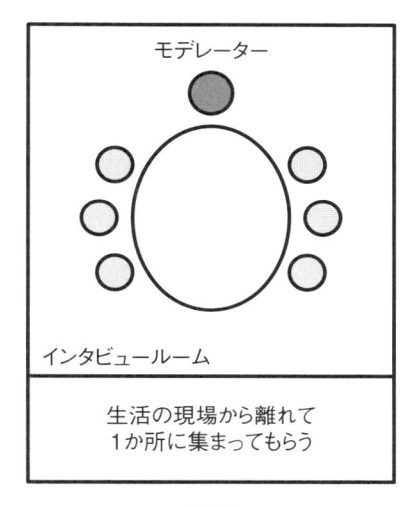

意識を分析

エスノグラフィー

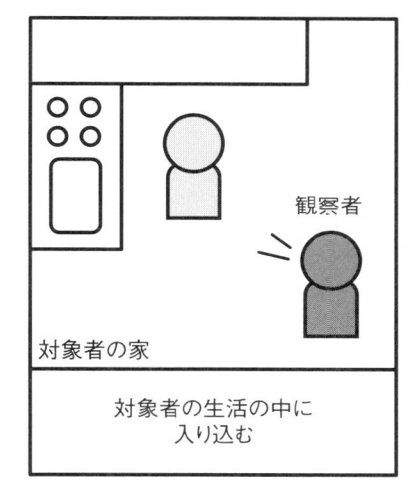

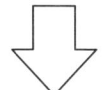

観察者

対象者の家

対象者の生活の中に入り込む

↓

意識と行動を一緒に分析
（参与観察）

の分析などにこの方法論が有効でした。

マーケティング・リサーチでエスノグラフィが有効な分野として、デザインや製品機能の評価があります。たとえば椅子のデザインや機能性を評価するとき、グループインタビューの会場に持ち込んで評価してもらうより、実際にリビングで使ってもらって使い方を観察したり、印象をインタビューするほうが有効です。

またキッチン用品の新製品開発にあたって、キッチンでの行動、どこで何を使って何をしようとして、結果にどれくらい満足かを数軒の家庭（主婦）に依頼してキッチンのVTR録画をしてもらい、それを再生しながらインタビューし、その結果を記述的にレポートにまとめるということもできます。

エスノグラフィ的定性調査には一般的な方法論はありません。テーマごとに方法論から検討する必要があります。

Section 83

ふさわしいテーマや予想される効果が異なる
マーケティングインタビューの種類

マーケティングインタビューは対象者の人数によって三つに分けられ、マーケティングテーマによってそれぞれ使い分けられる。

マーケティングインタビューは対象者の人数によって三つに分けられます。対象者が1人の「ワンオンワンインタビュー」、2人の「ペアインタビュー」、3人以上8人までくらいの「グループインタビュー」です。

●**大きなテーマに向くワンオンワン**

ワンオンワンインタビューは「インデプスインタビュー」ともいわれ、対象者の行動や心理の中に深く入っていける方法論です。カウンセリングの方法そのものともいえ、対象者とインタビュアーは閉じられた空間で落ち着いて集中して会話をします。

マーケティングテーマでは「大きなテーマ」、たとえばなぜ化粧をするのか、電気自動車の価値とは何かなどに向いています。これら大きなテーマに対して、対象者の過去から現在にわたって詳細にインタビューできるのでパーソナリティが明確に分析できます。また、他の対象者がいないのでプライベートなテーマ、資産運用やセクシャルな問題でも活用できる方法です。

●**一般的なグループインタビュー**

ペアインタビューは、夫婦、恋人同士、上司と部下などのペアを同時にインタビューする方法です。2人の関係性が重視されるテーマ、たとえばプレゼント、住宅関連などで使われます。住宅設計にあたってリビングの使い方をめぐる夫と妻の思惑の違いを明確にし、妥協点を探りながら設計を詰めていくという例もあります。

最も一般的な方法論がグループインタビューです。対象者を同時に1か所に集めて実施されます。対象者同士の相互作用によって、「気づいていないことに気づかされ」て場の雰囲気が盛り上がり、意外な方向に発展していくという効果があります。これを「グループダイナミックス」といい、うまくコントロールしながら発展させることで、グループが「小さな市場」を表現する場合があります。テーマはコンセプト評価や製品・CM評価などマーケティングテーマ全般に対応します。

マーケティングインタビューは対象者の人数で目的が変わる

◉ワンオンワンインタビュー

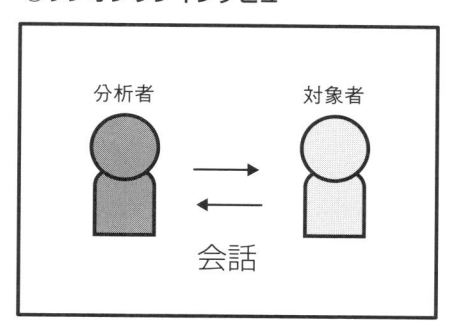

```
分析者 ⇄ 対象者
     会話
```

- ◉対象者の意識の深い部分まで分析できる
- ◉閉じられた空間、落ち着ける空間で行う
- ◉時間は90分程度

⇩

大きなテーマに向いている
プライベートなテーマも扱える

◉ペアインタビュー

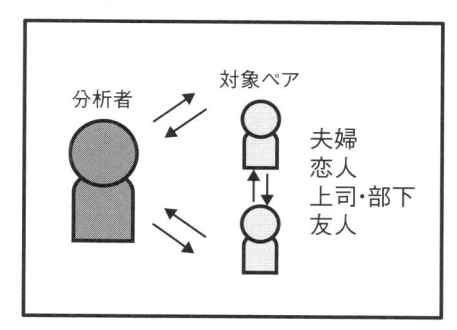

```
分析者 ⇄ 対象ペア
         夫婦
         恋人
         上司・部下
         友人
```

- ◉2人の関係性が理解できる
- ◉ワンオンワンと組み合わせることができる

⇩

プレゼント、家の設計、職場環境など
2人の関係性が左右するテーマ

◉グループインタビュー

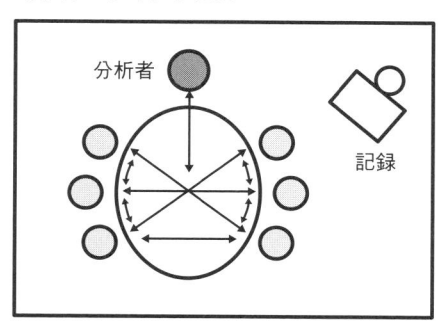

```
分析者
(円卓を囲む参加者、記録)
```

- ◉グループダイナミックスが働く
- ◉思わぬ発展性がある
- ◉気づき、気づかされが発生する
- ◉時間は120分程度

⇩

ほとんどのマーケティングに対応できる

Section 84

対象者の探し方

調査目的に合う対象者条件を決める

定性調査の対象者は、有為抽出することがほとんど。まず対象者条件を決め、「機縁法」かインターネットを使って該当者を探す。

●定性調査で無作為抽出できない

マーケティング・リサーチのほとんどはサンプリング調査で、サンプリング理論に基づいてサンプル（調査対象者）をランダムに抽出します。これを無作為抽出といいます（23項参照）。

ところが、定性調査では無作為抽出は困難で、「有為抽出」が行われます。なぜ有為抽出になるかというと、たとえランダムサンプリングしても実際に面接できないからです。自社ブランドのヘビーユーザーをランダムサンプリングすれば日本全国に散らばります。

北海道や沖縄の人が選ばれたとして、その人たちを東京や大阪にあるインタビュールームに一定の日時に集まってもらうことは現実的ではありません。来てもらえたとしても、交通費などの経費が莫大になります。

さらに1グループ6人で4グループ実施しても24人ですから、無作為抽出して誤差計算しようにもサンプル数が少なすぎます。

そもそも定性調査は結果を数値で表現しないため、誤差という考えがありません（81項参照）。

●調査目的に合う対象者条件を決める

マーケティングインタビューの対象者を探すには、調査目的に合った対象者条件を決めて選びます。先月からオンエアしている自社のTVCMの評価がテーマであれば、TVを録画しないで見ている人（録画で見る人はCM部分をスキップして見ることが多い）、当該商品ジャンルの購入者などの行動で条件付けし、さらに年齢や性別の条件を付けます。

グループインタビューの場合、できるだけ同質の集団をつくるようにします。通常は男女は別のグループにして、さらにライフステージ（学生と社会人、未婚と既婚は分ける）、ライフスタイル（マンション派と戸建て派は分ける）などによってグループを決めます。対象者条件が決まったら、「機縁法」かネットを使うかを決めます。機縁法とは、知り合いの知り合いとたどってい

インタビューの対象者はランダムサンプリングできない

◉ 通常の探し方

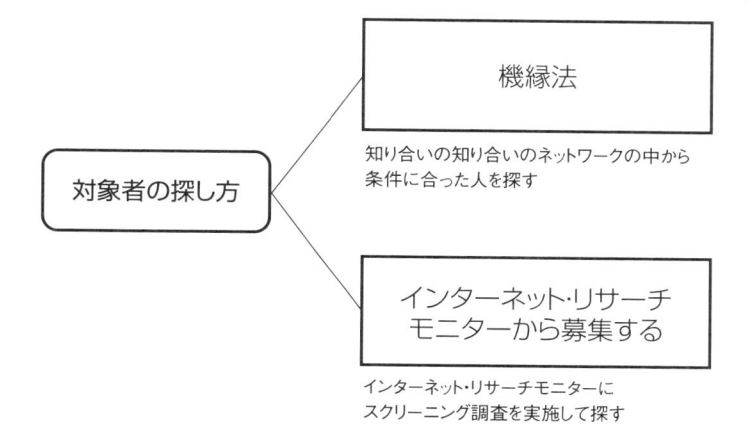

対象者の探し方
- 機縁法
  知り合いの知り合いのネットワークの中から条件に合った人を探す
- インターネット・リサーチモニターから募集する
  インターネット・リサーチモニターにスクリーニング調査を実施して探す

◉ 定量調査結果から探す

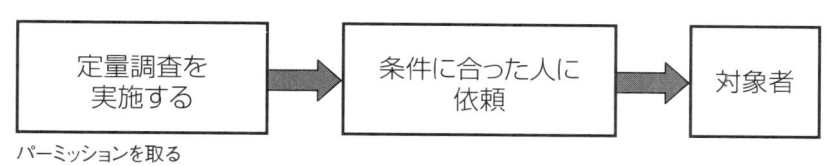

定量調査を実施する → 条件に合った人に依頼 → 対象者

パーミッションを取る

って対象者条件に当てはまる人を探す方法です。ネットを使って募集をする方法は、通常はインターネット・リサーチ会社のモニターにスクリーニング調査を実施し、その中から該当者を探します。機縁法は知り合いという人間関係ができているので、対象者にクレーマー的な人が紛れ込む危険は少ない反面、条件がゆるくなる場合があります。

ネットを使う方法の利点は、対象条件がたくさんある場合など、スクリーニング調査でスクリーニングできることです。注意点は、電子メールのやりとりだけでは当日のドタキャンや社会性に欠ける対象者が紛れ込む危険が高くなるため、最終の出席確認のときは電話で本人確認するようにします。

調査票の最後にグループインタビュー出席のパーミッション（承諾）を取っておけば、定量調査から定性調査まで一貫して実施できます。

Section 85

対象者は普通の生活者や消費者

マーケティングインタビューの対象者

インタビュー調査の対象は普通の生活者や消費者。ふだんは意識していない自分の行動や感情について訊き出すにはリサーチャーの努力も必要。

● 無意識な行動を訊くむずかしさ

マーケティングインタビューは対象者と司会者（モデレーター）、対象者同士の会話を通じてデータ（コトバ）を収集し、分析するという方法を取って面と向かって会話することをリアルなインタビュー、ネットを介することをインターネットインタビューといいます。

リアルでもネットでも、対象者は普通の生活者・消費者です。これら一般の人が一定の時間拘束され、テーマについて普段の行動をコトバにし、提示された内容について考え、評価してやはりコトバで表現することを要請されるのです。リサーチする側は、対象者が普段の自分の行動や感情に意識的であって、行動の理由や感情についていつでも言語化でき、それを他人の前で正直・正確に述べることができるという前提でインタビューを進めます。

● 言語化された内容が正確かどうか

ところが実際の対象者・消費者は、普段から自分の行動や感情に意識的ではありません。コンビニで飲み物Cを買ったという行動はほとんど無意識に行われています。「喉が乾いた、コンビニを探した、飲料売場でAは昨日飲んだから、違うBにしようと思ったが、新製品のCにした」という一連の行動は意識的でありません。たとえ行動を意識化できても、それをいちいち言語化していたらノイローゼになってしまいます。さらに、言語化できてもそれが正確である保証はないし、正直に語るとも限りません。この例でいえば、新製品だからCを選んだと本人が発言しても、新製品であることは後で知ったのかもしれません。理由を訊かれたので、「新製品だから」と適当に合理化して答えたとも考えられます。

このように、マーケティングインタビューが相手にする対象者・消費者はビューが相手にする対象者・消費者は回答をあらかじめ用意して参加するわけではありません。司会者はこのことをよく理解して、対象者の意識していないことを引き出す努力をします。

インタビューの対象者は、あらかじめ回答を用意してくるわけではない

●インタビュー調査の対象者

| 普段の生活（消費行動）を、意識的に行っているわけではない |

その日コンビニでペットボトルのお茶を買って飲んだ

⬇ これを意識化してもらう

その日は暑かったので喉の渇きを感じて
涼もうと思ってコンビニに入り、
新製品のお茶があって景品も付いていたので買った

| 意識したとしてもうまくコトバで表現できない |

⬇ そのときの気持を
コトバで表現してもらう

なぜ、このお茶にしたかは何となく、
景品もあったし…よくわからない

| 表現できたとしても正直に発言してくれるとは限らない |

⬇ できるだけ正直に
そのまま表現してもらう

景品がカワイかったなんて、カッコ悪くて言えない

●モデレーターの役割

| 無意識の行動を意識化できるように促し、表現を手助けし、
できるだけ正直な気持を発言しやすい雰囲気をつくる |

Section 86

不完全な発言をお互いに補う
プロービングのやり方

インタビュー対象者の発言内容はほとんどが不完全なので、プロービングを行うが、対象者を問い詰めてはいけない。

● 発言の真(深)意を追求する

マーケティングインタビューでの対象者の発言（書き込み）は、ほとんどが不完全と考えて間違いありません。司会者は対象者の発言を訊き返して発言内容を深めるとともに共感性の高い場をつくっていきます。この訊き返し（追求）が「プロービング」です。

まず単純な訊き返しをします。「これが好き」という発言に、「AよりBが好きなんですね、Aのどこが好きなんですか」と発言者に同意しつつ細部や理由を追求します。次が当人の評価を確認するプロービングです。「Aは甘いです」の発言に、「その甘さはあなたにとっていい甘さなんですか?」「あなたは普段から甘いものが好きなんですか?」というように深めていきます。さらにメタファーを意識的に引き出します。「その甘さを言い換えたり何かに喩えると」というようにメタファーの連鎖をつくっていきます。

時間的な広がりを意識させるプロービングもあります。「こういう甘さが好き（嫌い）になったきっかけは?」「これからも甘いものを食べそうですか?」と過去と未来に意識を広げてもらいます。

空間的な広がりを意識してもらうプロービングは、「外出先でもそうですか」「お店に行ったときはどう感じそうですか」「職場では」というように当人の生活圏に広げて訊き返します。

できるだけ比較させながら訊き返します。「○○と比べてどうですか?」「○のほうを好きという人はどんな人だと想像しますか」などと一対比較させて内容を追求します。

最後に使い方に注意が必要ですが、発言者に「悪感情」をもたせる方法もあります。「そんな人はいないでしょう」などと発言者の意見に反発してみることで新しい気づきを促します。

プロービングは発言の真(深)意の追求とともに場の共感性醸成が目的です。「なぜ、どうして」を連発して対象者を萎縮させないよう注意が必要です。

198

対象者の発言を時間的・空間的に広げてあげるプロービング

◉プロービングの考え方

| 対象者の発言のほとんどは不完全 | ⬅ | それを補ってあげる |
| | ⬅ | 問い詰めてはいけない |

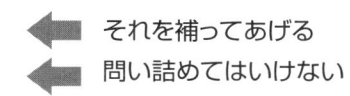

◉プロービングの方法（1）

- 単純な繰り返しの後に理由や細部を追求する
- 「AよりBが好きなんですね。Bのどこが好きですか」

◉プロービングの方法（2）

- 自分のこととして発言してもらう
 「Aは甘いです」
 「そのAの甘さはあなたにとってよい甘さですか、よくない甘さですか」

◉プロービングの方法（3）

- 何かに喩えてもらう

◉プロービングの方法（4）

- 時間的な広がりを促す
 「昔から好きでしたか」
 「これからも好きな味ですか」

◉プロービングの方法（5）

- 空間的な広がりを促す
 「家にいるときもそうですか」
 「旅先だったらどうですか」

Section 87

対象者条件にポイントあり
定性調査の企画書と対象者条件

定性調査の調査対象は定量調査と違って有為抽出。具体的な行動でセグメントをする。

●概念的な対象者条件としない

定性調査も定量調査と同様に調査企画書を書きますが、定量調査と大きく異なるのが調査対象と調査票です。調査対象はランダムサンプリングではなく有為抽出で、機縁法やインターネット・リサーチのモニターから該当者を募集します。対象者条件は性別・年齢などのデモグラフィック特性、ある商品の認知や購買状況などの行動特性で、できるだけ同質の人が集まるようにします（84項参照）。このとき、調査側の頭の中だけにある概念的な対象者グループをつくらないように注意します。

たとえば、お菓子の新製品コンセプトチェックのグループインタビューの対象者条件を検討するとします。以前、定量調査で食生活ライフスタイル分析を行ったので、グループの条件にライフスタイル項目を入れようとしても、うまくいかない場合が多くなります。

まず、ライフスタイル分析が食生活全般が対象なのに今回はお菓子という食生活のごく一部を対象としています。さらにライフスタイル分析で、「スロ ーフード派」「ファーストフード派」などのセグメントが抽出されていても、これは、非常にたくさんの質問への反応の複合指標です。対象者条件として一つか二つの質問に集約できない場合が多いと考えるべきです。

同じようにお菓子の新製品コンセプトチェックで、ある新製品のトライアル＆リピートユーザー、トライアルのみ、ノントライアルを分けることはできます。ここで「中止者・スイッチャー」というセグメントを考えるとむかしくなります。中止者・スイッチャーは、マーケターとしてはぜひ意見を聞きたい人たちです。ただ、消費者は中止したとかスイッチしたという意識がないのが普通です。その製品の味や風味に決定的な失敗がない限り、「最近なんとなく買っていない」という程度で、これを中止者とするのは少し無理があります。最寄品の場合、ブランドスイッチも曖昧です。

定性調査の企画書では対象者条件が重要

◉対象者条件の決め方

> ●同一グループには同質の人が集まるようにする
> ●購入・使用ブランドなどの条件を確実にする
> 　（対象者が自分の使用ブランドを誤解している場合がある）

◉むずかしい対象者条件

> ●概念的なセグメントは条件にしづらい
> 　※健康志向の人（健康に無頓着という人は少ない）
> 　　スローフード派（具体的な食スタイルを提示してあげる）
> ●購入中止
> 　ブランドスイッチは意識されていない（最寄り品）
> 　※たまたま買っていないだけ　→　中止したわけではない
> 　　たまには違うものを買ってみたい　→　ブランドスイッチではない

◉定性調査の企画書

> ●表紙・タイトル
> 　○○に関するフォーカスグループインタビュー企画書
> ●調査背景・目的
> ●調査方法
> 　フォーカスグループインタビュー
> ●調査対象
> 　対象者条件とグループ数
> ●調査日程
> 　リクルーティング、実査、報告日
> ●調査内容
> 　別途インタビュースクリプトを作成する

Section 88

定量調査の調査票にあたる
インタビューフローのつくり方

インタビューの進め方をプロットしたものがインタビューフロー。インタビューの現場ではその「場」の雰囲気によって臨機応変に対応する。

● 大きく四つのパートで構成する

「インタビューフロー」は定量調査の調査票にあたります。調査票との違いは、スクリプトともいわれるように完全に固まった（構成された）ものではないという点です。あくまでインタビューのプロットを記したもので、インタビューの現場ではその「場」の雰囲気によって臨機応変に対応するようにします。

インタビューフローは大きく四つのパートに分かれます。まずイントロダクションで主旨を対象者に説明し、個人情報の扱い方と終了時間の約束をします。次に対象者同士や対象者とモデレーター（85項参照）の間に友好的な雰囲気を醸成するようにお互いの自己紹介とテーマに直接関係ない趣味などの話でウォーミングアップします。当然、短く切り上げることが大切です。

テーマに入るときはいきなり主題にはいかず、ここでも周辺の話をします。コンセプトチェックなら、当該ジャンルの既存品の購入・使用実態、各ブランドの評価・イメージなどの話題から始めます。最後が主要なテーマの話になります。ここまでで、対象者のプロファイルと当該商品ジャンルでのパーソナリティをモデレーターは理解するようにします。主要テーマに入ったら、「○○さんはAが好きだったですよね」というようにモデレーターが対象者をよく理解していると思わせる発言も大切です。インタビューが終わったら謝礼を渡し、すみやかに帰っていただくように誘導します。

● 時間配分に注意してフローをつくる

インタビューフローは時間配分に注意します。主要テーマに全体の半分以上の時間をさけるように四つのパートの所要時間をフローに書き込んでおきます。さらに、パッケージや広告などの素材を使う場合は、それを使うタイミングとやり方も明記しておきます。

「既存品のパッケージをAから順番に提示（次のグループでは提示順を逆にする）」というように、誰がいつ見ても誤解のないように書いておきます。

インタビューフローは台本ではないので自由度を多く残しておく

◉インタビューフローの構成

❶イントロダクション………… 主旨説明、個人情報の取扱い確認
❷パーソナリティ把握 ……… 自己紹介とラポール(友好的な雰囲気)形成
❸テーマ導入部………………… メインテーマに入る前に全体的な状況把握
❹メインテーマ ………………… 調査目的にしたがってインタビュー

◉インタビューフローの見本例

テーマ　タイトル

フロー	時間	スクリプト	使用素材	テーマ研究
イントロダクション	10	・○○の話である自由な話し合い ・時間は2時間 ・個人情報は守られる		
パーソナリティ	20/30	・自己紹介 ・情報感度、接触媒体		ラポール形成 各人プロファイル
当該製品使用状況	30/60	・購入実態 ・使用実態		購入店舗の変化
メインテーマ	60/120	・コンセプト理解、共感 ・パッケージデザイン	コンセプトシート デザイン案	コンセプト受容性 パッケージ評価

Section 89

参加者・主催者のストレスを軽減

インターネットグループインタビューの実施

グループインタビューをインターネット上で行うことは、参加者と主催者双方のストレスが軽減できるなどメリットが大きい。

●ストレス大のグループインタビュー

グループインタビューは、一定の時間に一定の人数が1か所に集まって話し合います。これは、参加者にも主催者にも大きなストレスを強います。参加者は、「わざわざ出かけるのが面倒」「何を訊かれるのか不安」だし、主催者は「本当に来てくれるか不安」「ちゃんと話をしてくれるか不安」を抱えて当日を待つことになります。

インターネットグループインタビューであればこれらのストレスは相当軽減されます。出かけなくてもいいし、時間を気にせずに自分の意見を書き込めばいいし、見ず知らずの他人と顔を合わせなくてもすむわけです。ですから、日本全国や外国にまで散らばった人たちをグループにすることができるし、発言(書き込み)の少ない人、とんちんかんな書き込みが多い人は途中で退場してもらうことも可能です。

インターネットグループインタビューは、主催者側がサイトを開設し、リクルーティングした対象者にログインパスワードを連絡して開始し、「これで充分」と判断した時点でサイトを閉鎖すればよいのです。もちろん終了の挨拶をし謝礼を渡してからですが。

●途中で行動依頼なども可能

他の利点としては、インタビューの途中で対象者にある行動をしてもらうことができます。たとえば、発売された新製品を試しに買って食べて(使って)もらう、そのときに店頭の様子を観察してもらうなどのことができます。

さらに、顔を合わさないので、リアルではむずかしいプライバシーに関わるようなテーマも可能です。

一方、注意点として、参加者全員をテーマに集中させる、個人攻撃を抑える、書き込みを促すなどの努力が必要になります。対象者に任せっぱなしにすると普通の掲示板と変わりなくなる危険があるし、匿名性が強すぎると個人攻撃が始まる危険が高くなります。また、書き込み数が多いのが当初だけという傾向があります。

204

インターネットグループインタビューは時間と場所の制約がない

● インターネットグループインタビューとリアルなグループインタビュー

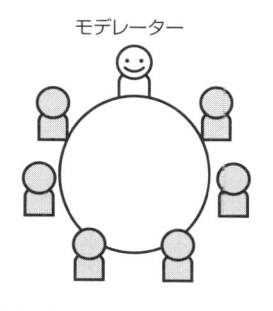

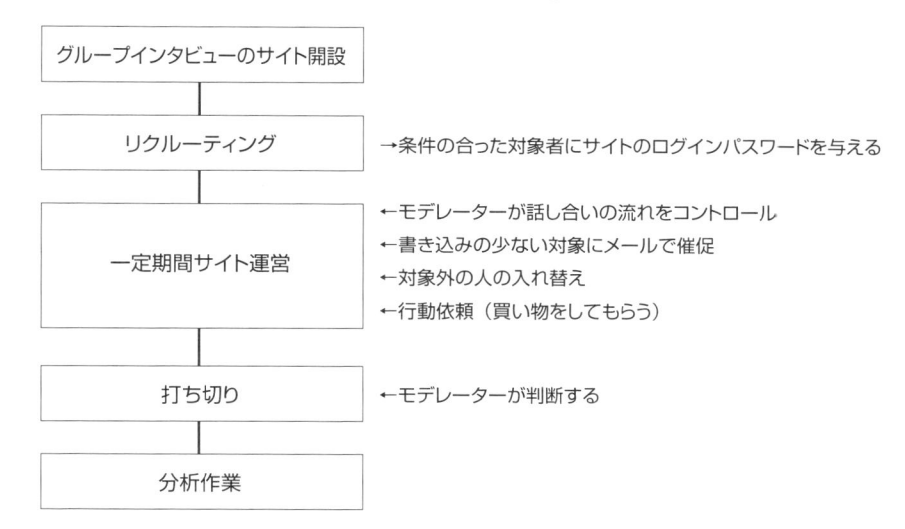

いつでもどこからでもアクセスできる
主催者

モデレーター
特定の場所に一定時間拘束される

インターネットグループインタビュー　　リアルなグループインタビュー

● インターネットグループインタビューのやり方

```
グループインタビューのサイト開設
         │
    リクルーティング   → 条件の合った対象者にサイトのログインパスワードを与える
         │
                    ← モデレーターが話し合いの流れをコントロール
   一定期間サイト運営  ← 書き込みの少ない対象にメールで催促
                    ← 対象外の人の入れ替え
                    ← 行動依頼（買い物をしてもらう）
         │
     打ち切り        ← モデレーターが判断する
         │
      分析作業
```

● インターネットグループインタビューのメリット

- 長い期間継続できるので対象者の態度の変容がわかる
- 匿名性を確保すればプライベートな問題も扱える
- 乳幼児をもつ母親など外出できない人も対象にできる

Section 90

よりスピーディな分析が求められる

定性調査の分析・報告書作成

定性調査の分析はデータの劣化・変性との戦い。そこで、インタビュー中から分析作業を始めるなどして、自分の記憶が劣化・変性する前に分析に取りかかる。

●定性調査は経時でデータが貧弱に

定量調査が終わって分析を始めるときは手許に膨大なデータがあります。データはモデレーター自身のメモ、発言録、録音・録画など定量調査以上に豊富に見えますが、最も重要な対象者と共有した空間・場の雰囲気の記憶はどんどん劣化、変性してしまいます。これは録画を見直しても修復できないと考えるべきです。定量調査はデータが豊富になるのに定性調査はデータが貧弱になっていってしまいます。

計などでより詳しく分析することが可能です。一方、定性調査の分析はデータの劣化・変性との戦いという面があります。データはモデレーター自身のひとりの頭の中で議論すればよいので相手がいなければ自分の記憶の劣化・変性する前に分析に取りかかります。

インターネットグループインタビューは、リアルなインタビューに比べて定量調査的な分析ができます。そのこととは、リアルに比べて対象者との「場の雰囲気の共有」がしづらいという弱点につながっていることに注意すべきです。書き込みを後ですべて読み返して分析しようとせずに、途中で仮説のスクラップアンドビルドを行うというのはリアルと同じです。

●インタビュー中から分析作業をする

そこで、定性調査の分析は実査終了後あまり時間をかけずに完了すべきです。そのためには、インタビュー中から分析作業を始めることです。インタビューの最中に当初の仮説が否定されたら、代替仮説を提示して対象者の評価を訊くということが定量調査の再集計に近いものになります。

このデータは数値として保存されるため、劣化することなくクロス表の再集計などでより詳しく分析することが可能です。一方、定性調査の分析はデーフィングを行います。これはモデレーター・分析者の頭の中を整理する効果があります。

さらにインタビュー終了後はデブリーフィングを行います。これはモデレーター・分析者の頭の中を整理する効果があります。相手がいなければ自分ひとりの頭の中で議論すればよいのです。その後は自分の記憶が劣化・変性する前に分析に取りかかります。

定性調査の報告書には数表とかグラフではなく、テーマにそった記述的な表現の内容になります。ただし、文章だけでなく図式的な表現も工夫します。

206

定性調査のデータは劣化するし、再集計はできない

◉分析に使えるデータ

> ●発言録（文字に書き起こしたもの）
> ●録画（パーミッションを取って分析後廃棄）
> ●メモ（モデレーター）　➡　劣化する　　メモした意味内容が薄くなる
> ●記憶（雰囲気など）　➡　劣化が激しい　忘れる、無意識の改ざん

◉定性調査の分析

> ●インタビュー中から仮説（当初の予想）のスクラップ＆ビルドを行う
> ●デブリーフィングを行う（情報共有者から異なる視点の分析を得る）
> ●資料を整えて早めに分析を終える

◉インターネットグループインタビューの分析

> ●対象者の書き込みを「ため込み」すぎない
> ●途中でプレ分析を行い、対象者に投げかける
> ●テキストマイニングなど、定量的方法も試す

◉定性調査の報告書

> ●数表、チャートがない→記述的になる
> ●文章は簡潔に書く（できれば箇条書き）
> ●図式化するように心がける

Internet Research

10章 これからのインターネット・リサーチ

- Section91　インターネットの進化とリサーチ
- Section92　モバイル・リサーチの可能性
- Section93　リサーチモニターの母集団化
- Section94　デスクトップリサーチ
- Section95　シングルソースデータ
- Section96　消費者参加型リサーチ
- Section97　インターネットで希少なサンプルを探す
- Section98　ロングテールインタビュー
- Section99　インターネット・リサーチ会社の方向性
- Section100　求められるリサーチャー

Section 91

進化するインターネットをどう使いこなすか

インターネットの進化とリサーチ

進化を続けるインターネットを活用しながら、これからは豊富な二次データの分析と分析目的に合致したデータ収集に集中するべき。

●ネットに接続された生活が進む

インターネットによってマーケティング・リサーチは、それまでは考えられないほどのスピードと費用の安さを実現しました。インターネットは通信容量やセキュリティの技術面、利用者の増加と利用方法の多様化の両面で今後も進化を続けていきます。その中で今インターネット・リサーチが注目するのは、インターネットの利用者の増加と利用方法の多様化です。

インターネット初期の使い方は、ネットサーフィンに代表されるように検索して「見て、楽しむ」か、eメールが偏っていましたが、学校教育で早い時期にほぼ全員がネットに接触することと、仕事でネットを覚えた人が引退後も使い続けること、高年齢層の人もネットを始めるなどで、ほぼ全員がネットを使う、少なくとも使えるようになるということになりそうです。さらにインターネット端末の小型化、操作のしやすさ、安さも進化するため、いつそうインターネットに接続された生活が進んでいきます。

そうインターネットに接続された生活が進むと、ネット通販による購入が増える、店舗購入だけでなくネット通販が注目されています。インターネット・リサーチの対象者である一般消費者も変化しています。店舗購入だけでなくネット通販による購入が増える、購入にあたって口コミサイトの評価を参考にする、自分でも製品評価をサイトに書き込むなど情報発信する、といった変化ができます。

●豊富な二次データが得られる

ネット通販の多くはネット通販サイトを経由して行われます。そうすると通販サイトに膨大な購買データが蓄積されることになります。そのデータを分析するだけで、改めてリサーチする以上の分析結果が得られるということが起こります。ただ、これらのデータは分析用に収集されていないため、デ

インターネットの進化とともにインターネット・リサーチも進化していく

◉ネットワークの進化

- ●接続スピードが速く、廉価でポータブルな端末
- ●商取引、情報支援サイトの多様化

◉使う人の進化

- ●リテラシーの一般化（誰でも使えるようになる）
- ●検索や、eメールから多様な使い方へ

◉インターネット・リサーチの進化

- ●リサーチモニターの巨大化→母集団名簿化
- ●ネット上に蓄積される情報の分析

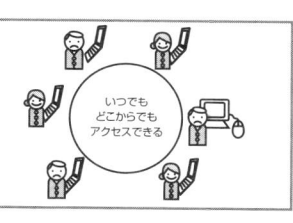

いつでもどこからでもアクセスできる

ータのフォーマット（形式）を分析目的に変換するなどの作業が必要になります。一方、分析手法もデータマイニングなどデータ形式に左右されない方法も使われるようになります。

また、ネット上では製品評価の口コミサイトが化粧品や家電製品でたくさんあります。調味料・食品ではメニューの投稿サイトが活用され、ここで推薦されることで食品や調味料の売上が大きく変化します。マーケティング的にはこれらのサイトに働きかければ有効ですが、サイト運営者との利害関係、消費者が自主的に運営しているなどの理由で、企業が干渉すると逆効果になる危険が大きくなります。

これからのインターネット・リサーチは、豊富な二次データの活用方法を模索しながら、通常のリサーチで、分析目的に合致したデータ収集に集中すべきでしょう。

Section 92

モバイル・リサーチの可能性

現場での実態や意識が分析できる

調査対象が固定されているのが前提だった従来のリサーチに比べ、モバイル・リサーチは移動中や現場での意識や行動などを把握することができる。

● 移動先の意識や行動が捉えられる

インターネットはコンピュータ同士のネットワークのことです。そしてパソコン（PC）が普及したことによって、インターネットを一般の人が使えるようになりました。PCのようにインターネットにつなぐことができる機器をインターネット端末といいますが、これは小型化、軽量化が進み携帯電話もネット端末として使えるようになっています。机の上に固定されていた端末が自由に携帯、移動できるようになりました。

マーケティング・リサーチも、インターネット・リサーチも、調査対象は固定されて動かないことを前提としていました。移動する個人も居住地（住所）に固定され、毎日外出し、時には海外旅行、海外出張していても、「帰ってくれば」調査対象として訪問、面接できるという前提に立っていました。

一方マーケティングからは、人々の移動中の意識や行動を捉えたいという要求がありました。海外旅行中のことを訊きたいのに、帰ってきて思い出して回答してもらうより方法がなかったのです。ほかにも店舗内で買い物しているとき、遊園地で遊んでいるとき、イベント会場にいるときなど人々が動いている現場でのデータ収集ができれば有効と考えられていました。

● 調査対象が能動的にデータを送れる

ネット端末のモバイル化によって、調査対象が動いている最中の意識や行動を捉えることができるようになりました。モバイル・リサーチの最大の特性は、いままで述べてきたように調査対象の移動中や移動先での意識・行動がライブで把握できることです。もう一つは、質問されるまで回答しようがなかった受身の立場から、調査対象が気づいたときに積極的にデータを送ってもらえるようになったことです。

あるイベントを開催したとき、参加者が自発的にSNSなどに書き込みます。ブースの前から何をやっていて何が面白かったかがリアルタイムで書

いつでもどこでもインターネット・リサーチに回答できる

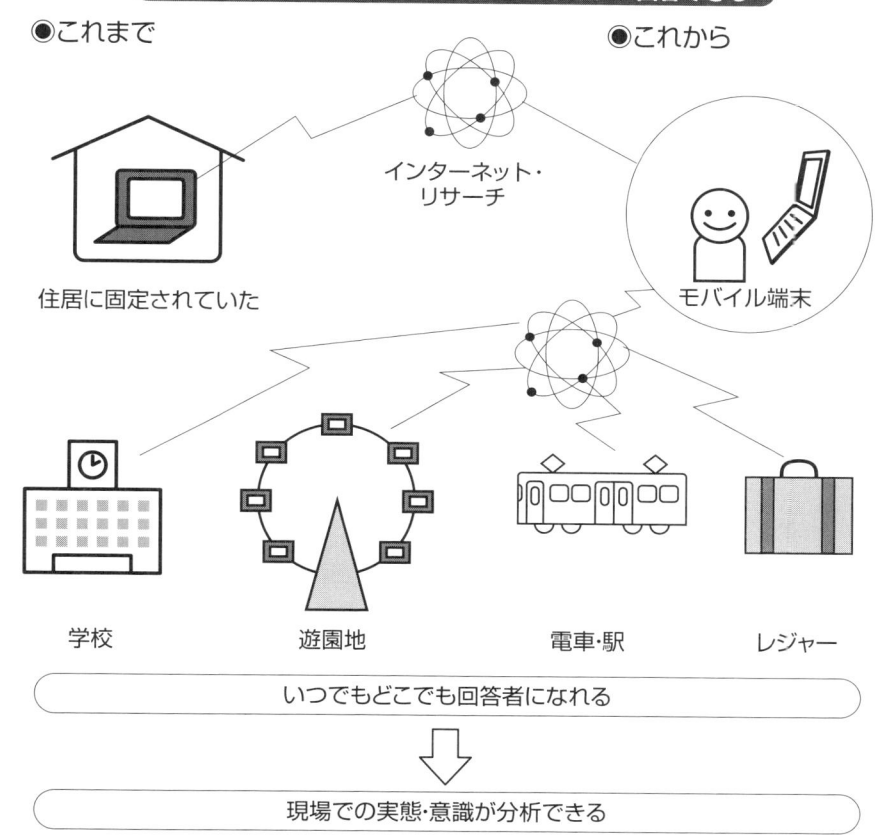

●これまで　　　　　　　　　　●これから

インターネット・リサーチ

住居に固定されていた　　　　　モバイル端末

学校　　遊園地　　電車・駅　　レジャー

いつでもどこでも回答者になれる

⇩

現場での実態・意識が分析できる

き込まれます。すると、イベントA案の評価が低かったら、午後からはB案を採用するなどの機動的なマーケティングができます。同時に写真がアップされれば一層わかりやすくなるし、ネットで飛ばしてもらうこともできます。

この写真を送ってもらう方法をあらかじめ依頼しておけば、POPの掲示状況を全国、全店舗、ほぼ同時刻で把握できるというような活用もできます。

ただ、モバイル・リサーチは次のような問題点を抱えています。一つは調査主催者が対象者をコントロールできないということ、もう一つはリサーチと販促・プロモーションの区別があいまいになるという点です。対象者は現場にいますが調査主催者は現場から離れているため、適切な「質問文」がつくれないことになります。逆に、イベント参加者全員を対象者にすればイベントの販促活動にできます。

213　第10章　これからのインターネット・リサーチ

Section 93

調査員を動員するよりも安上がり

リサーチモニターの母集団化

本来ランダムサンプリングの考えのないインターネット・リサーチだが、いくつかの留意点を押さえれば、リサーチモニターを母集団名簿化することができる。

● 精度の高い母集団名簿が必要

マーケティング・リサーチはサンプリング調査です。サンプリングは母集団を規定して、その母集団の中から調査対象をランダム（無作為）に抽出するという考え方で行われます（21項参照）。抽出作業には母集団を反映した抽出名簿が必要です。たとえばアルコール飲料の調査を企画して、「20歳以上59歳までの男女」と母集団規定した場合、最も信頼性の高い母集団名簿は住民基本台帳になります。これを抽出名簿にすればサンプリング理論上、精度の高い抽出作業ができます。

ただ、個人情報保護の観点から住民基本台帳や選挙人名簿などの公的名簿は閲覧できないし、それに替わる名簿もリサーチ依頼のパーミッションを取ってないのが普通です（10項参照）。

このように既存の信頼できる名簿がない状況でサンプリング調査をするには、自分で母集団名簿をつくる必要があり、精度の高い母集団名簿をつくるためには膨大な労力と費用がかかります。

● 膨大なりサーチモニターが存在する

インターネット・リサーチはリサーチモニターを募集しているため、最初からランダムサンプリングの考えがありません。ネット・リサーチの信頼性が低いといわれる原因の一つです。一方で、リサーチに協力したいという人が100万人単位で集っているのは驚異的なことです。このリサーチモニターを母集団名簿化することが考えられます。

まず、リサーチモニターの多重登録を極力減らして一つのID（個人識別記号）に1人のモニターという関係をつくります。さらに各IDに属性をヒモ付けます。その属性の住所を使って地域別（都道府県か都市単位）にモニターを数えて人口統計データと比較します。

すると、実際の母集団とどれくらいズレているかがわかります（これを歪みという）。さらにモニターの属性を詳しく調査しておけば有効な母集団名簿となります。

インタネット・リサーチモニターの歪みが測定できれば母集団名簿になる

インターネット・リサーチモニター

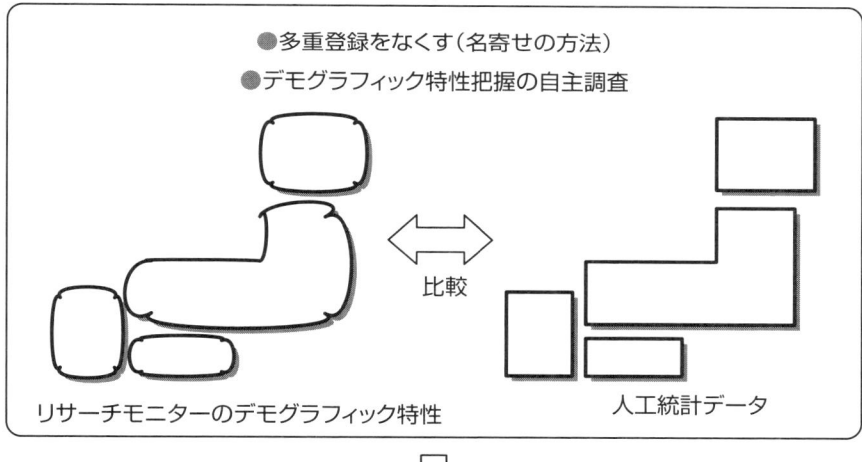

⇩

- ●多重登録をなくす（名寄せの方法）
- ●デモグラフィック特性把握の自主調査

リサーチモニターのデモグラフィック特性 ⇔ 比較 ⇔ 人工統計データ

⇩

日本全体の市場（人口構成）に対して、モニターがどれくらい歪んでいるかがわかる

⇩

その歪みを是正して（抽出比率を考慮して）リサーチモニターからランダムサンプリングする

⇩

精度の要求が強い調査に使える

Section 94

デスクトップリサーチ

インターネット・リサーチモニターをモニターとして使う

調査担当者が、調査票の作成から分析までのすべての業務を机上でできるデスクトップリサーチでは、インターネット・リサーチモニターをモニターとして使える。

●モニターに求められる第三者の目

マーケティングの方法の一つにモニター制度があります。自社商品、サービス、店舗を定期的に購入、使用、来店してもらって意見を訊くという制度です。モニターと企業の間に契約関係があり、モニターにインナー（身内）意識が生まれるため厳密にはマーケティング・リサーチとはいえません。

モニターは報酬が得られ、商品の購入費用などが無料になるので意見が偏りがちです。多くの場合は評価がよくなるバイアスが生まれます。身内に対して辛口になるバイアスもありますが、「許される範囲」で止まってしまう場合が多いようです。

インターネット・リサーチのリサーチモニターは契約というより登録で、リサーチに回答しない限り報酬（謝礼）はありません。リサーチのときも調査主体（どこの企業の調査なのか）はわからないように工夫するので、身内意識も強くありません。このように、調査対象には常に第三者の意識・認識をもって回答してもらう必要があります。

その意味で、対象者にとっては「青天の霹靂」のように調査協力依頼がくるランダムサンプリングが、最も客観的な対象者選びといえます。

インターネット・リサーチのリサーチモニターを正にモニターとして使う方法が、「デスクトップリサーチ」です。調査票の作成から分析までの業務のすべての調査をしたい企業の担当者が、自分の机の上でできるという意味でデスクトップリサーチといいます。企業の担当者から見れば、一時的にインターネット・リサーチ会社の社員になるということです。

このときに、モニター制度の考えを活かしてインターネット・リサーチのリサーチモニターの中からある条件で抽出を行います。

たとえば菓子メーカーであれば、高校生女子から20代OLの中でチョコレート系をよく食べている人とクッキー

●機動的なリサーチが可能になる

企業のマーケターが直接リサーチするデスクトップリサーチ

インターネット・リサーチモニター

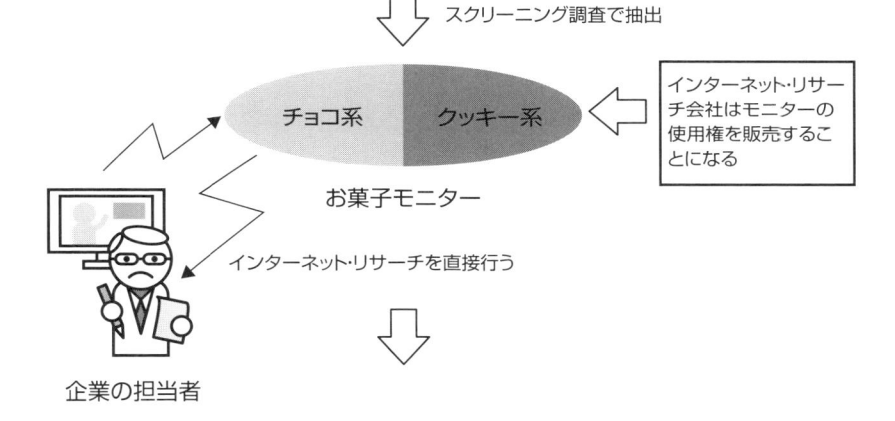

↓ スクリーニング調査で抽出

チョコ系　クッキー系　← インターネット・リサーチ会社はモニターの使用権を販売することになる

お菓子モニター

インターネット・リサーチを直接行う

↓

企業の担当者

デスクトップリサーチ

- 自社モニターと同じように使えて、自社名はふせることができる
- 臨機応変にリサーチできる
- 同じサンプルに継続的に調査できる

系をよく食べている人を、500人ずつ1000人選んでモニターにするのです。

こうすれば菓子メーカーの担当者は、新製品の開発過程で必要があるときに何度でも調査票を送って回答を得るという機動的なリサーチが行えます。従来は、インターネット・リサーチ会社に1回ごとに依頼するという手続きが必要でした。

費用は、初期のモニター設定費用とモニターの賃貸料が固定費で、調査ごとの対象者謝礼費が増減します。

デスクトップリサーチは、毎回同じ人から意見が訊けるというモニター制度の利点があります。また、対象者にはどこのメーカーのモニターということはわからないため、バイアスが小さい利点もあります。個人情報保護の観点から、対象者のパーミッションはしっかり取っておく必要があります。

第10章　これからのインターネット・リサーチ

Section 95

シングルソースデータ

同一サンプルだからこそわかることがある

> インターネット・リサーチモニターの活用で、同一サンプルからブランド選択・購入のプロセスに影響すると考えられる要素をすべて収集することが容易に行える。

●パネル調査は同一サンプルが対象

マーケティング・リサーチは毎回ランダムサンプリングで対象者を抽出します。サンプル数は同じでも、サンプル個人は前回調査と今回ではほとんど違う個人の集団になっているはずです。どちらも、ともに代表性があるため、同じ母集団の姿を表現していると考えていいわけです。前回調査より自社ブランドの認知率が上がっていれば、広告やプロモーションの効果があったと判断できます。このとき、前回調査と今回と同じサンプルに調査すればサンプルごとの変化がわかります。そこで、同じサンプルに一定期間同じ調査をするという方法が考えられました。これをパネル調査といい、総務省が行っている家計調査が有名です。

毎回、サンプリングするより合理的だし、一つのサンプルの時系列な変化がわかることでより深い分析が可能になります。欠点はサンプルが年齢を重ねるので母集団に対して歪んでくることと、対象者の調査慣れ（飽き）がバイアスになることです。それへの対策として全サンプルの一定数を定期的に入れ替える「サンプルローテーション」を行っています。

このパネル調査をさらに進めて、同一のサンプルからすべてのマーケティングデータを収集しようというのが「シングルソース」の考え方です。最終結果であるブランド選択・購入のプロセスに影響すると考えられる要素を、できる限り同じサンプルから収集してしまおうとの考えです。

●当初は広告効果の測定が目的だった

当初は広告効果の測定が目的で、広告の最終効果を「購入」と考え、当該ブランドを買った人がどんな広告に何回接触したか、プロモーションはどうか、前回購入ブランドは何だったかなどを調べたのです。これらは、毎回ランダムサンプリングする調査ではわかりません。わかろうとすると対象者の曖昧な記憶に頼るしかなくなります。

インターネット・リサーチのリサー

マーケティングデータをすべて1人の個人（対象者）から集める

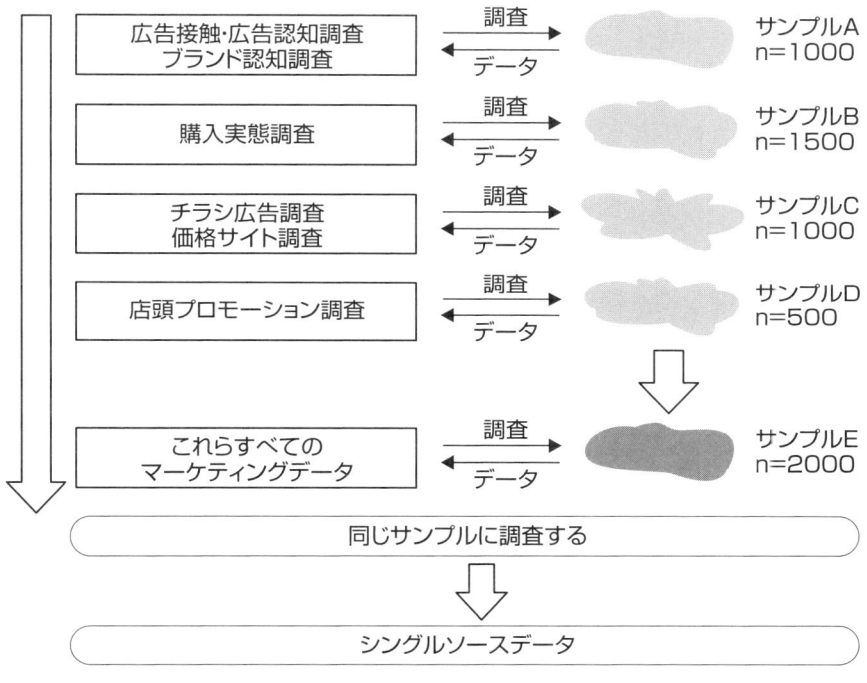

```
広告接触・広告認知調査        調査
ブランド認知調査         ←――→        サンプルA
                        データ        n=1000

購入実態調査            調査
                    ←――→           サンプルB
                    データ           n=1500

チラシ広告調査           調査
価格サイト調査        ←――→          サンプルC
                    データ          n=1000

店頭プロモーション調査    調査
                    ←――→          サンプルD
                    データ          n=500

これらすべての          調査
マーケティングデータ   ←――→         サンプルE
                    データ          n=2000
```

同じサンプルに調査する

↓

シングルソースデータ

- 広告効果などマーケティング活動効果が精確に測定できる
- 消費者行動をシミュレーション（予測）できる
- マーケティング活動全体のモデル化ができる

チモニターを使えばこのシングルソースデータの収集が容易になります。洗濯月洗剤を例に取ると、一定期間、見たTVCM、クリックしたネット広告、アクセスした口コミサイト、行った小売店、洗濯物の量、使った洗剤の名前と量などを毎日（あるいは隔日で）ネット上に書き込んでもらいます。これらのデータと当該地域の天候、地域の行事、チラシ広告データなどを収集してマッチングすれば、洗濯用洗剤のブランド選択行動が詳しく記述できます。

対象者に双方向でのやりとりのパーミッションを取っておけば、リアルタイムに近い消費者行動が分析できます。

そのためにはモバイルリサーチ（92項参照）も活用します。モバイル端末の動画機能を使えば、対象者が小売店に入ってどのように店内を回遊し、棚のどの部分を見ていたかなど簡単なアイトラッキング分析も可能になります。

Section 96

消費者参加型リサーチ
CGMをマーケティング・リサーチに活用する

インターネットの媒体としての特性を活かすことで、伝統的なマーケティング・リサーチでは不可能だった方法も可能になる。

●ネット社会では消費者の発信が容易

マーケティング・リサーチは調査対象（多くは消費者）の集団を外から観察するという態度を取ります。必要なときには対象者に了解を得て情報を取りに、聞き出しに行くという方法を採っています。情報を取りに行く媒体としてインターネットを使うのがインターネット・リサーチです（1項参照）。

インターネットはリサーチの方法論に大きな影響を及ぼしました。一方で、消費者にも大きな変化をもたらしました。たとえば、リサーチが扱う情報について、「発信」が非常に簡単になったことが挙げられます。

インターネット以外のマス媒体において消費者は常に受け身です。放送局、新聞社、雑誌社が発信する情報を受け取るだけです。もちろん、投稿、問合せなどで自分の意見を発信することはできましたが、大きな労力と心理的負担のため、ほとんどの消費者は情報発信に消極的でした。それが、インターネットの書き込みサイト、口コミサイトなど、オープンなサイトやSNSなどの一定程度クローズドにできるサイトによって、消費者の情報発信の垣根が大幅に下がってきました。キーボードで打ち込んで送信ボタンをクリックするだけで自分の意見を投稿できるし、ブログで自分の生活記録や意見を書き込んでいけば、不特定多数の人が見て、ときにはコメントをくれたりします。

こうした状況ができると消費者はリサーチの依頼がなくても自主的に製品の評価やこういったモノやサービスがほしいと情報発信するようになります。これをCGM（Consumer Generated Media）といいます。

●自主的に情報発信するCGM

伝統的なマーケティング・リサーチは消費者を客観的で受動的な存在としており、調査依頼をしても断られることを覚悟しています。これを調査拒否といいます。インターネット・リサーチは「調査に協力してもよい」という能動的な消費者をモニターとするため、

受動的な調査対象者ではなく能動的な参加者と考える

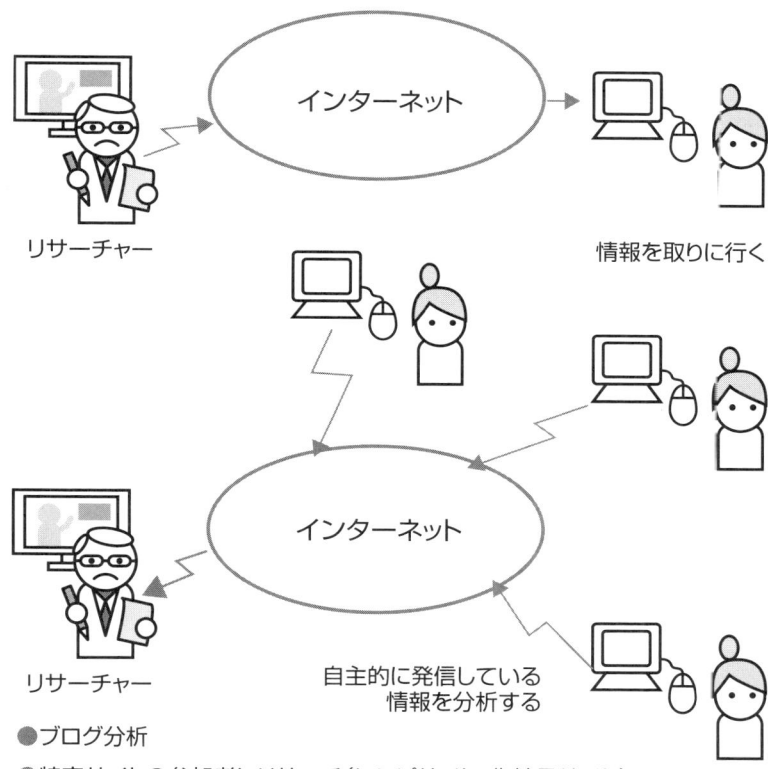

リサーチャー　→　インターネット　→　情報を取りに行く

リサーチャー　←　インターネット　←　自主的に発信している情報を分析する

- ブログ分析
- 特定サイトの参加者にリサーチ（レシピサイト、化粧品サイト）
- 新製品開発サイトを立ち上げる

調査拒否はほとんど考えずにすみます。CGMはさらに能動的で、依頼もないのに自主的に情報発信してくれます。

このCGMをマーケティング・リサーチに活用する方法があります。たとえば化粧品の口コミサイトで、サイト運営者と共同で新製品購入者の評価をリサーチする、さらに評価の高い人と低い人を分けてリサーチするということができます。メニュー投稿サイトでも、同じようなリサーチが可能だし、新製品の開発をサイト上で行うことも可能です。外部のサイトを使わなくても、自社のHPでそういった人を募集し、別サイトに誘導して新製品開発を共同で行うことができます。

インターネットの媒体として特性を活かしていけば、伝統的なマーケティング・リサーチでは不可能だった方法も可能になります。注意すべき点は対象者のパーミッションと情報モレです。

221　第10章　これからのインターネット・リサーチ

Section 97

マーケティング上有効であれば活用する
インターネットで希少なサンプルを探す

希少なサンプルも、インターネットの進歩によって探し出せるようになった。ただし、微細な差にこだわりすぎると分析はできなくなってしまう。

●微細な差にこだわりすぎない

マーケティング・リサーチで使う単位は、1以上の実数と百分率が普通です。実数は平均値などで小数点2位程度まで表記されます。分析で使えるのは普通、小数点1位程度までです。Aブランドの購入率が12・57でBのそれが12・58であっても通常は差がないと分析します。コンピュータの進歩によっていくらでも細かい計算結果を出せるようになりましたが、微細な差にこだわりすぎると分析ができなくなります。

％で表される百分率も有効数値を考えて使います。認知率が50・0％といった数値と「知っている」とした数値とでは意味が違ってきます。マーケティング・リサーチでは、集計サンプル数500サンプルのうち250人が「知っている」とした数値と10人の中の5人が「知っている」とした数値とでは意味が違ってきます。マーケティング・リサーチでは通常1万人を超えるような規模の調査はありません。2000サンプルを超えればサンプル数の多い調査といえます。2000人の中の1人は0・05％ですが、これは5‰（パーミル）と表現できます。‰とは千分率のことです。

ないブランドの購入率などに時々使われます。一般的には線路や道路の勾配の表現に使われます。1000m進んで20m高くなるような勾配を「20／1000」などと表記します。

さらにPPM（ピーピーエム）と表現される100万分率（パーツ・パー・ミリオン）やPPB（10億分の1）などもありますが医薬、化学のリサーチの世界でしか使われません。

インターネットの進歩によって、従来では探すのさえむずかしかった千分率の対象者を探せるようになりました。リサーチモニター数が150万を超えるようなものもありますからPPMレベルも不可能ではありませんが、マーケティング上有効かどうかわかりません。非常に珍しい製品や製品のタイプの購入者、使用者をインターネット・リサーチで見つけて、そこにインタビューに行くなどの活用方法があります。

222

インターネットは希少なサンプルを探すのに便利

●テーマ

> ある銘柄の葉巻ユーザー3〜5人にインタビューしたい

- 葉巻を吸う人が少ない → 成人男性の5%と仮定
- その銘柄を吸う人はさらに少ない → シェア3%予測で1.5‰

⬇

> 電話調査で探す

- ランダムにコールして成人男性が出る確率は3割と仮定
- 1人を探すのに2万2000コール以上必要

⬇

> インターネットで探す

- 150万人のリサーチモニターの成人男性全員にスクリーニング
  - Q1　葉巻を吸うか
  - Q2　この1年で銘柄○○を買って吸ったか
  - 150万人×0.3(成人男性)×0.0015=675人

●結果

> 675人の候補者が確保できそう

⬇

> この中からインタビュー依頼すればよい

Section 98

同じグループへの長期間のインタビュー
ロングテールインタビュー

マーケティング活動で調査対象者がどんな態度変容を起こすかなどが把握できるロングテールインタビューも、ネットを使うと実現しやすい。

一方、リアルなグループインタビューは、面と向かって話し合うため、グループダイナミックスが働きやすいというメリットがあります。ただ、このリアルなグループインタビューの特性は1回限りで終わってしまいます。同じメンバーを別の日時に同時に集めることはほとんど不可能です。

インターネットグループインタビューなら、同じグループを長期間にわたってインタビューすることが可能です。これを「ロングテールインタビュー」といいます。対象者をリクルーティングするときにおよその期間、2か月続けるつもりなら3か月程度の協力期間の約束をし、通常のネットグループインタビューの要領で進めていきます。

● **態度変容を時間経過とともに把握**

この方法の最大のメリットは、対象者が取得した情報でどんな態度変容を起こすかを時間の経過とともに把握できることです。たとえば発売前の新製品のコンセプトチェック、広告視聴、製品の試食・試飲などを間隔を長く取って調査できます。さらに、発売されたら近所の店に買いに行ってもらって評価を訊くこともできます。リアルなインタビューでは短時間で連続して調査するために前の情報が残ってしまいバイアスとなる危険があります。

ロングテールインタビューの注意点は、随時書き込みを促して空白期間をつくらないことです。そのために、サイトとは別にモデレーターから対象者個別にメールが出せるようにしたり、謝礼を分割して終了時に全体の5割程度を支払うようにするなどの工夫が必要です。また、期間が長いため対象者同士が親しくなりすぎたり反目し合うなどの事態が起きやすくなります。モデレーターのコントロールと予備サンプルの用意などが必要です。

● **ネットでなら容易に行える**

インターネットグループインタビューは対象者への負担が少ない、匿名性があるのでホンネにより近づけるなどのメリットがあります（89項参照）。

224

長期間インタビューに参加することで態度変容が観察できる

● サンプル数を決める

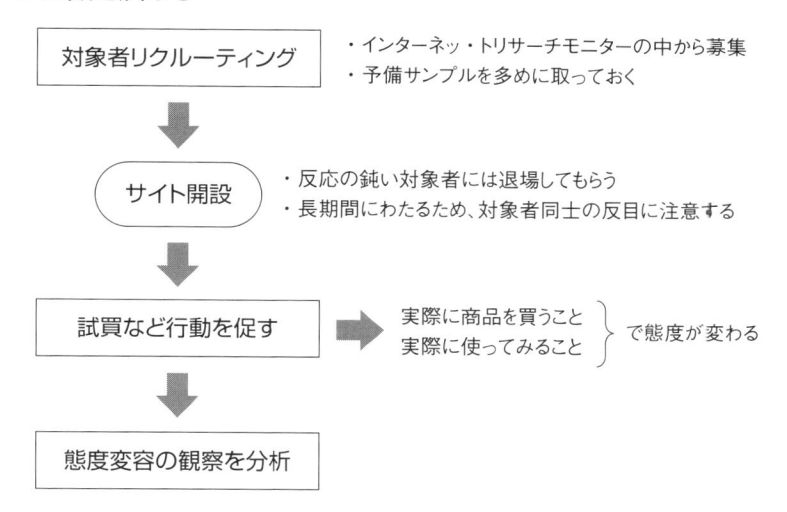

```
対象者リクルーティング  ・インターネット・リサーチモニターの中から募集
          ↓       ・予備サンプルを多めに取っておく

   サイト開設      ・反応の鈍い対象者には退場してもらう
          ↓       ・長期間にわたるため、対象者同士の反目に注意する

 試買など行動を促す  → 実際に商品を買うこと  ┐
          ↓         実際に使ってみること  ┘ で態度が変わる

 態度変容の観察を分析
```

● ロングテールインタビューの使い方

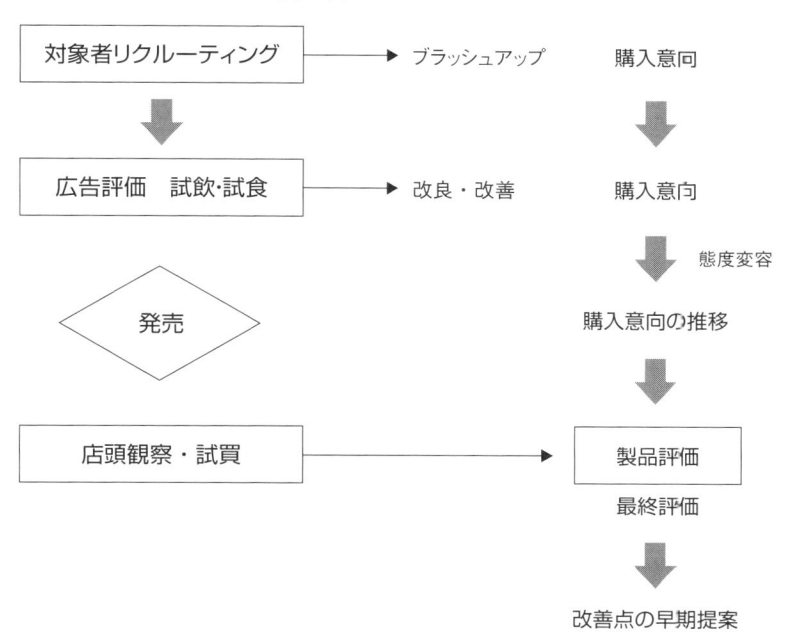

```
対象者リクルーティング  → ブラッシュアップ      購入意向
          ↓                                    ↓
 広告評価  試飲・試食  → 改良・改善           購入意向
          ↓                                    ↓ 態度変容
      ＜発売＞                            購入意向の推移
          ↓                                    ↓
  店頭観察・試買    ――――――――――→      製品評価
                                           最終評価
                                              ↓
                                         改善点の早期提案
```

Section 99

これまではスピードと安さを武器に発展

インターネット・リサーチ会社の方向性

インターネットの急速な拡大に合わせて登場したインターネット・リサーチ会社だが、分析技術を磨くなどして総合リサーチ会社化やコンサルティング機能の強化などを目指す。

●画期的なインターネット・リサーチ

マーケティング・リサーチにとってインターネットを調査媒体として使うことは、画期的な出来事でした。情報伝達のスピード、伝達できる情報量、情報のやりとりに必要な手間が従来の媒体と比較にならないほど優れていたからです。電話調査も速いのですが、情報のやりとりに多くの人件費が必要な点が不利です。郵送調査でも「厚い調査票」が送られますが、郵送費と時間がかかってしまいます。ファクシミリが普及してスピードと安さで優位だったこともありましたが、ネットの普及に完全に追い越されてしまいました。

マーケティング・リサーチ会社はネットが普及する前は調査員、電話、郵便、ファクシミリなどの媒体を使ってリサーチしていました。調査票によるアンケート形式のほか、CLT、HUT、グループインタビューなどさまざまな手法を採用しています（6項参照）。そうした中でインターネット・リサーチ専業のリサーチ会社が誕生し、スピードと安さを武器に売上を伸ばしました。

●総合化やコンサル化も視野に

マーケティング・リサーチ会社も、ネットモニターを構築してインターネット・リサーチをメニューの中に加えるという方法で、リサーチのデパート的商品展開を図っています。さらにインターネット・リサーチ専業会社の中に、モバイル・リサーチを中心に、リサーチとプロモーションの中間的な領域に進出しているところもあります。

インターネット・リサーチはモニターの母集団化を行いモニター名簿を抽出名簿として使うランダムサンプリングが実現できれば、より一層の発展をしていくことでしょう。それだけでなく従来の調査手法にも対応し、データ収集以外の分析技術も磨いていけば総合リサーチ会社に発展できます。さらにマーケティングの提案ができるコンサルティング機能も採り入れる方向で発展していくと考えられます。

インターネット・リサーチ専業からマーケティング・リサーチ総合へ

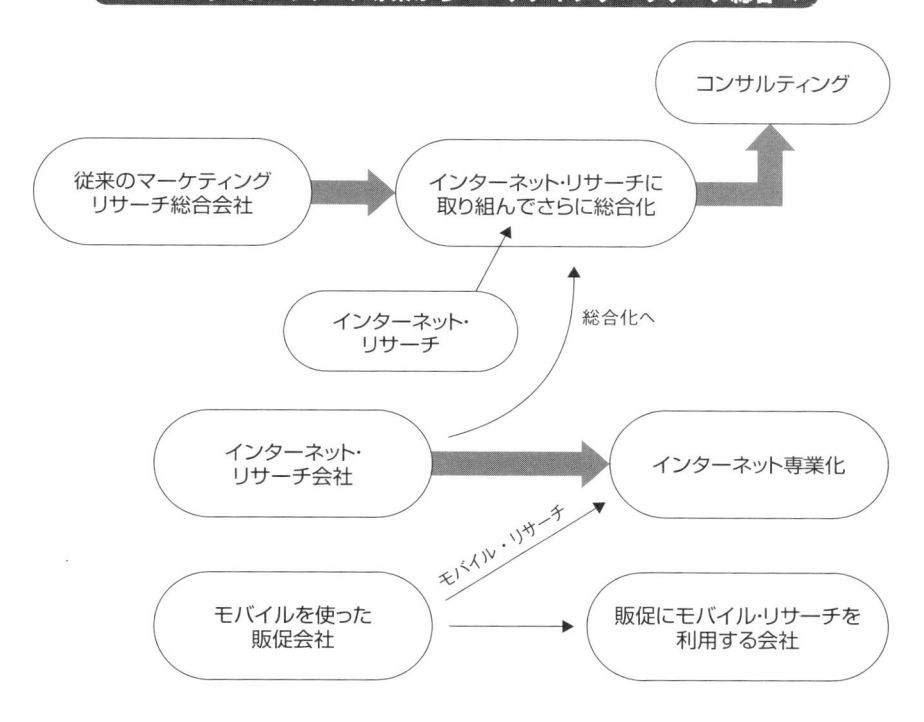

```
従来のマーケティング          インターネット・リサーチに          コンサルティング
リサーチ総合会社      →      取り組んでさらに総合化      →

              インターネット・
              リサーチ
                         ↗ 総合化へ

インターネット・          →          インターネット専業化
リサーチ会社
                      モバイル・リサーチ

モバイルを使った          →          販促にモバイル・リサーチを
販促会社                              利用する会社
```

● **総合マーケティング・リサーチ会社**

- ●インターネット・リサーチの精度向上、活用方法の開発
- ●従来調査手法への対応
- ●分析・解析手法の開発
- ●定性調査への対応
- ●新しい調査技術の開発（研究機関）
- ●マーケティングコンサルティング志向（別会社化）

Section 100

レスポンスの速さと消費者視点が大切
求められるリサーチャー

まず求められるのは、インターネットの特性であるスピードを体現できること。分析手法の知識やデータに基づいたストーリーづくりのセンスも必要。

●消費と消費者に興味関心をもつ

インターネット・リサーチの特性はそのスピードです。インターネット・リサーチのリサーチャーにもスピードが求められます。リサーチャーにもスピードとは、クライアントの問合せや依頼、指示へのレスポンスの速さです。eメールで引き合いがあったらすぐにメール受信の返信をします。引き合い内容を確認し、概算見積りをつくって返信したほうが誠実な対応ともいえますが、クライアントは反応が遅いとの印象をもってしまいます。その後のやりとりも、まずスピードをモットーにビビッドな反応を心がけるべきです。

リサーチャーは、消費と消費者に興味関心をもつべきです。こだわりのない性格でコンビニに行っても迷うことなく「いつものブランド」をレジに持っていくという人でも、ほかにどんなブランドがあるのか、新製品はどれか、店頭の陳列はどうかと観察する習慣をつける必要があります。さらにどんな人（性別、年齢）がどのブランドに関心をもちそうかという視点も大切です。

さらに、一般消費者の視点で調査票を見ることも大切です。言葉遣い、表現が一般の消費者に理解できる内容か、こういった質問では5段階が答えやすいか、7段階まで細かく分けて答えられるものか、何分ぐらいで飽きてくるのかといった判断基準をもっている必要があります。

●分析手法の知識も必要

データの分析はクロス分析が中心ですが、多変量解析などの分析手法の知識も必要です。その知識も、分析手法と合致するデータセットはどういう内容かという視点が大切です。

最後に、データに基づいたストーリーづくりのセンスが大切です。すべてのデータを平等に見た後は、一つ二つのデータにこだわってそこから分析ストーリーをつくります。矛盾が大きかったら最初に戻って作業をし直します。このときも消費者視点でデータを見ることが大切です。

インターネット・リサーチのリサーチャーに求められるのはスピードと精度

◉インターネット・リサーチの流れ

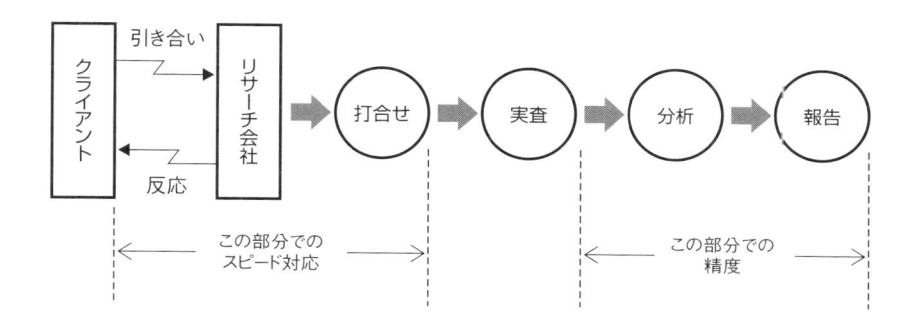

```
クライアント ─引き合い→ リサーチ会社 ⇒ 打合せ ⇒ 実査 ⇒ 分析 ⇒ 報告
         ←反応─
```

←―― この部分でのスピード対応 ――→　　←―― この部分での精度 ――→

◉リサーチャーの視点

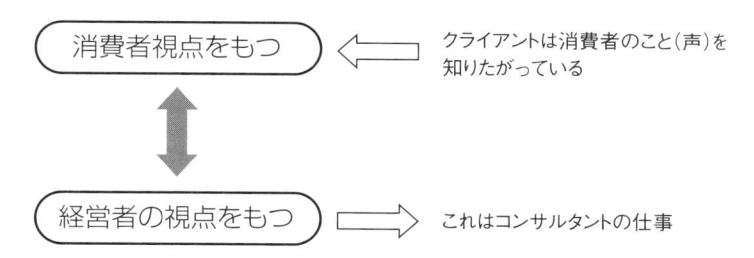

消費者視点をもつ ⇐ クライアントは消費者のこと(声)を知りたがっている

↕

経営者の視点をもつ ⇒ これはコンサルタントの仕事

◉リサーチャーのスキル

- ●言語表現能力
  （折衝、調査票づくり、分析）

- ●データ解読力
  （数値の意味がわかる）

- ●ストーリー構成力
  （あらゆることの関係性を考えながらまとめる力）

著者略歴
石井栄造（いしい　えいぞう）
マーケティング・リサーチャー　アウラマーケティングラボ代表
(株)インテージ、(株)ビデオリサーチで定量調査、パネル調査の設計と分析を担当。ガウス生活心理研究所で定性調査（インタビュー調査）を担当。インターネット・リサーチからデプスインタビューまで、一貫したリサーチでクライアントの要望に応えるアウラマーケティングラボを1998年に設立。リサーチ結果から新製品の提案・企画も行う。リサーチャーとクライアントのためのアウラセミナーを開催している。

ＨＰアドレス　　http://www.auraebisu.co.jp/
メールアドレス　auraebisu@aol.com

図解　インターネット・リサーチのことがわかる本

平成22年2月1日　初版発行

著　者――――石井　栄造

発行所――――中島　治久

発行所――――同文舘出版株式会社
　　　　　　　東京都千代田区神田神保町1-41　〒101-0051
　　　　　　　営業 03（3294）1801　編集 03（3294）1803
　　　　　　　振替 00100-8-42935
　　　　　　　http://www.dobunkan.co.jp

Ⓒ E.Ishii　　　　　　　　　　　ISBN978-4-495-58681-2
印刷／製本：シナノ　　　　　　　Printed in Japan2010

仕事・生き方・情報を　DO BOOKS　サポートするシリーズ

あなたのやる気に1冊の自己投資！

最新版
これが「繁盛立地」だ！

立地の影響を受けない商売はない！

林原安徳著／本体1,700円

「誰もがよいと思う立地」と「本当によい立地」は異なる。TG、視界性、動線、商圏など、立地の基本から最新の研究成果まで、小規模店舗の立地選びのヒント満載。

地域一番店になる！
「競合店調査」の上手なすすめ方

他店との差別化を図り、自店を成長させる！

船井総合研究所 **野田芳成**著／本体1,700円

他店に打ち勝ち、生き残るには、「品揃え」「価格」「サービス」などで上回らなければならない！　自店の差別化ポイントを見つけて伸ばす、繁盛店づくりのための「競合店調査」を解説。

マーケティング・ベーシック・セレクション・シリーズ
インターネット・マーケティング

インターネット時代に求められる戦略

山口正浩監修 **前川浩基**編著／本体1,800円

メーカー、流通業、サービス業など業種を問わず需要が高まっているインターネット・マーケティングの全体を、この一冊で体系的、網羅的に理解できる。

同文舘出版

本体価格に消費税は含まれておりません。